重构

用视觉化想象重塑思维

认知

[美]埃里克·梅塞尔——著
（Eric Maisel）

朱振洁——译

REDESIGN
YOUR MIND

中国科学技术出版社
·北 京·

REDESIGN YOUR MIND: THE BREAKTHROUGH PROGRAM FOR REAL
COGNITIVE CHANGE by ERIC MAISEL, PHD
Copyright ©2021 BY ERIC MAISEL PHD
This edition arranged with Mango Publishing（Mango Media Inc.）through BIG APPLE
AGENCY, LABUAN, MALAYSIA.
Simplified Chinese edition copyright: 2023 China Science and Technology Press Co., Ltd
All rights reserved.
北京市版权局著作权合同登记　图字：01-2022-2336。

图书在版编目（CIP）数据

重构认知：用视觉化想象重塑思维 /（美）埃里克
·梅塞尔（Eric Maisel）著；朱振洁译 . — 北京：中
国科学技术出版社，2023.5
ISBN 978-7-5046-9963-3

Ⅰ . ①重… Ⅱ . ①埃… ②朱… Ⅲ . ①思维形式
Ⅳ . ① B804

中国国家版本馆 CIP 数据核字（2023）第 042158 号

策划编辑	任长玉	
责任编辑	庞冰心	
版式设计	蚂蚁设计	
封面设计	仙境设计	
责任校对	邓雪梅	
责任印制	李晓霖	

出　　版	中国科学技术出版社	
发　　行	中国科学技术出版社有限公司发行部	
地　　址	北京市海淀区中关村南大街 16 号	
邮　　编	100081	
发行电话	010-62173865	
传　　真	010-62173081	
网　　址	http://www.cspbooks.com.cn	

开　　本	880mm×1230mm　1/32	
字　　数	148 千字	
印　　张	8.25	
版　　次	2023 年 5 月第 1 版	
印　　次	2023 年 5 月第 1 次印刷	
印　　刷	大厂回族自治县彩虹印刷有限公司	
书　　号	ISBN 978-7-5046-9963-3/B·127	
定　　价	69.00 元	

（凡购买本社图书，如有缺页、倒页、脱页者，本社发行部负责调换）

我从事心理学研究、教学和写作已经有40年了，我读过不少心理自助类书籍。我对这类书的评价奉行这几个标准：首先是实用，即内容能够被运用到实际生活中，且容易上手；其次是内容新颖，不能让读者看得困意连连；最后，它要能够让人获得内在的平静，并且扩展自我意识。说实话，大部分书都远远达不到这些标准，但埃里克·梅塞尔博士的这本《重构认知：用视觉化想象重塑思维》可谓个中翘楚。

这本书的核心是：你的所思所想就是你。但有时，人们会将简单的道理变成错综复杂的理论，将它们说得天花乱坠，很多关于认知行为疗法的书籍就是如此。所以，老实说，很多讲述认知行为疗法的书，都让人觉得枯燥乏味，但梅塞尔博士的这本书却让人兴致盎然。虽然很多书把心理治疗讲得很透彻，但是它们读起来的感觉就像纸上谈兵，其理论和实际应用相差太远。《重构认知：用视觉化想象重塑思维》不仅能让我们了解什么是认知心理学，还能让我们感受自己的心灵——特别是专注于自己的内心是一种什么样的感觉。

梅塞尔博士在这方面具备丰富的经验。几十年来，他深刻地影响了无数人的思维和生活。在他的这本新书里，我们不仅能深入了解自己的思维模式，还能学到一些技巧，去发现"我是谁""我要做什么"。本书能帮助我们发现自己在思维模式和处事方式上的问题，并能让我们在不知不觉中有所突破，以我们每个人特有的方式在人生的道路上前行。

这些年来，你可能已经无意识地用思维筑起了高墙，并把自己囚禁其中。通过书中的练习，你将会用一种无与伦比的、全新的方式直达自己的内心。面对重大的挑战，你可以更冷静、更有效率，并动用自身的力量去冲出重围。你将真正看到自己思维中的某些观念怎样阻碍了自己收获幸福和成功，你可以去突破这些固化的思维模式。如果你将书中的练习一一照做，那么读完本书以后，你会发现自己拥有惊人的创造力。

只要有机会能和作者说上两句，我都会问他："你希望读者能有哪些收获？"梅塞尔博士曾坚定地回答我："这本书比'控制你的思维'还要更深入一层，因为它能改变你的心灵，让你不再去思考那些对自己无益的内容。你的头脑会更清晰、更轻松、更灵活。"我很喜欢这个回答，而且我以为，本书作者实际带给我们的比这些还要多。

如果你觉得自己只能受控于外部世界，认为自己的幸福取决于某件事或某个人，那你将永远是环境的受害者，只是情况不同、程度不同而已。本书最具革命性的一点，就是它能让你认识到，每当你焦虑不安的时候，你都有力量去改变自己的思维，并获得前所未有的平静。当你心神不定时，往往很难发现引起不安的真正原因，也不容易想到解决办法。本书可以让你不再把时间浪费在纠结过去、责怪现状，或者盲目期待一个更好的未来。总之，这些练习能够让你更自由地去创造、成长以及爱。

杰拉德·詹波斯基（Gerald Jampolsky）

医学博士、心灵成长专家

让我来颠覆你的心灵，怎么样？

对很多人来说，能够处理好内心的负面情绪就已经是很大的突破了！要是能再进一步，不让这些想法走进心门，岂不是更好？

你完全可以做到！

几千年来，哲学家一直在努力描述什么是意识，并解释心灵是如何运作的，但我们要走的不是这条路，我要介绍的是一个超级简单、有用的模式——把你的心灵想象成一个房间。这既是一个比喻，也是我们所要描绘的画面。

这个"心房"将是你的世界中最重要的存在！现在也许是你有生以来的第一次去重新设计、重新装饰这个房间，并且真正地掌管它。在这个过程中，你会对自己的生活有不同的思考和感受。想象一下，一个明亮、朝南的房间和一个单调、幽闭、恐怖的房间，二者有哪些不同？你想住哪一间？如果你已经在那个单调、乏味的房间里生活了半辈子，现在终于可以离开，到那个明亮的房间去生活，你会不会发生翻天覆地的变化？这一切会不会对你的想法和感受产生巨大的影响？答案是：当然会！

从此时此刻开始，我希望你能够相信自己完全有能力重新设计和装饰这个房间。不要怀疑自己，这本来就是属于你的房间，不是吗？

那么，你具体要怎么做呢？我们会进行一些视觉化想象。我希望你能够看到这个房间，并真实地去描绘它，然后对它做一些改动。至于这个改动会不会有效，你可以稍后再下结论。你第一步要做的，是尝试。

首先，请你准备一个笔记本，或者在电脑上新建一个文档，这个文件是专门用于我们这项工作的。我会在每个章节的结尾提出一个问题，希望你能花时间去回答这些问题。比如第一个问题是："有生以来，我一直住在自己'心房'里，我的感受是什么？"

在你进行描述的时候，我希望你对生活在这个房间里的感觉是有所了解的。可能你找不到贴切的语言来描述这些感受，那也没关系，只要尽力去捕捉自己的体验就好了！这就是我要求的全部——思考和感受。

我们再来看一下第二项写作练习。有时候，我会请你描述你的"居家模式"。什么意思呢？打个比方，有两个房间，一间是乡村小屋，另一间是超现代房间，两个房间各有各的风格，你很容易就能想象出房间内部的陈设有哪些不同。乡村小屋里可能会有一个木制相框，而超现代风格的家中摆的则是金属框架。两间屋子都有各自的主导风格或主题。每个人的"心房"，也都有自己的风格或"居家模式"，那么你的风格是什么呢?

也许，在这间屋子里，你总是战战兢兢、焦虑不安，那你的居家模式就是焦虑;也许，你常常挑剔、自我批评，那你的风格就是挑剔;也许，你总是徘徊在愤怒或悲伤的边缘，那你的风格就是愤怒或沮丧。在你的"心房"里，你的状态是怎样的? 你的居家模式是怎样的? 多花点时间想一想，回答这个问题吧。

要记住，我们的目的不是要得出正确答案，或者完完全全去理解自己，而是熟悉这个过程。这可能是你第一次知道心灵也可以翻新，我希望你能有一点小兴奋，尽量地放轻松，想到什么就记录下来，这将是一片真正值得研究的沃土!

对这间"心房"和自己的"居家模式"有所了解之后，接下来，我们要说说具体需要做什么。你将要走进这间屋子，做一些改动。

并不是书里的每·条建议都适合你，或者对你有用，所以只要对你觉得恰当的地方做改动就好了! 但在说"不"之前，我希望你至少考虑一下这些建议。作为一名心理治疗师和教练，我已经有30多年工作经验了，本书的每一条建议都有其存在的道理，相信你会理解这些建议背后的逻辑，所以，请一定对每条建议都做一些思考！

还有，请你开心一点，虽然工作是严肃的，但是心态可以是轻松的。你会发现我的每条建议里面都带着欢乐、幽默，我希望这些工作做起来就像呼吸新鲜空气一样舒畅，所以，用你自己的方式去享受这一份轻松和快乐吧！

想象一下，在一家可爱的跳蚤市场，你左挑挑、右看看，正为自己的新家物色一些小玩意儿。一只大大的船舵？你不大喜欢。来自维也纳的精美白兰地酒杯呢？唔，也不怎么喜欢。20世纪40年代的法国海报？也许正合你心意……

从心理治疗师到创造力教练，30年多来，我的客户包括创作人员、演艺人员、科学家、工程师、学者、企业家，还有很多头脑发达、想象力丰富的人。他们各自有各自的困扰，不少人被贴上了"心理障碍"的标签——抑郁症、躁郁症、注意力不集中或者广泛性焦虑。所有聪明、敏感、富有创造力的人都绕不开所谓的心理障碍，因为高智商、敏感、创造力和困扰之间有着必然的联系。

聪明、敏感和创造力同时也意味着困扰。我们该怎么办呢？有很多办法，但目前为止最重要的，也是你可以直接掌控的，是你的心！从马可·奥勒留（Marcus Aurelius）到佛陀，所有哲学家都认为控制自己的心是第一要务。认知行为疗法（CBT）正是用现代化的方式来传递这一古老信息的疗法。它已经成为英国国民医疗服务体系（NHS）心理治疗的主流疗法，它何以如此受欢迎？因为其核心正是这条不容置疑的真理：我思故我在。

然而，把控心灵的方法，大多都有些枯燥、古板，因为这些方法都忽略了一个关键问题：没有提到内心的感受。我们不只有"思维"，还能够敏锐地体察到蕴藏在内心的感觉。

笛卡尔把心灵描绘成一个剧场，一幕幕戏剧在这里上演，而我们则要把它描绘成一个房间——你完全可以按照自己的喜好去设计和装饰它！

心灵的房间不是可有可无的存在，人类在这里用各自的方式体验意识，它的重要性至高无上，而且，它属于你，并本该由你来创造和设计。看着这间屋子变成你喜欢的样子，这真的很激动人心。在这个过程中，你的创造力会得到提升，过去的创伤会得到疗愈，你还会收获幸福感。你不再是原来的你。

这是一场改变心灵的冒险，请一起来感受这份快乐吧！

目录
CONTENTS

第二部分　调整居家状态

第四部分　刻意练习，迎接成功

第一部分

———

净化心灵的房间

第一章
让微风吹进来

什么是意识？它在哪里？头脑和心灵是同一个东西，还是完全不同的？这些晦涩不堪、自寻烦恼的问题并不是我们要讨论的，让我们只专注于一个美妙的点：你可以翻新心灵的房间，让自己在里面住得更舒服、更自在。

你首先要做的，是扫去心房里的憋闷（"心灵的房间"这个词有些冗长，就简称为"心房"吧）。有生以来，你一直生活在这个房间里，思考同样的内容，重复同样的观点，铭记同样的伤害……是时候打开窗户，给房间通通风了。凉风会吹散屋里的担忧和绝望，把脑海里那些对自己无益的想法一扫而空。

为了能够打开窗户，你得先安装窗户。现在我们来闭上眼睛，想象一下这个房间。你可以先描绘一个大概的样子。随着练习的深入，房间的轮廓会变得越来越清晰。此时此刻，你只需要感受它，感受房间里的憋闷、窒息。现在，请你选一堵墙，在上面装一扇窗户。挑一扇你喜欢的窗户，窗外可以看到自己喜欢的风景。你会选择什么样的窗户和景色呢？

我和妻子以前在巴黎租过一间公寓。一楼客厅里有一扇高高的落地窗，窗边摆了一张桌子，窗外是美丽、安静的街道。我们坐在桌子旁边吃法棍、喝葡萄酒、看人来人往。我向往的窗户就是那扇高大的落地窗。你呢？你向往的窗户是什么样子的？是能够俯瞰百老汇的窗户？还是老式纱窗，可以远眺湖景？抑或是充满异国情调，可以遥看沙丘和大海？选择一扇你喜欢的窗户吧！

现在，请把这扇窗完完全全地敞开！

如果你的心房闷得让你难受、让你喘不过气，充斥着难以言说的秘密和阴影，以及无法忘记的羞辱、莫名其妙且具有破坏性的冲动和似乎永无期限的孤独，总之，什么都有，就是没有舒畅的和风！那么现在，你可以让这个昏暗的地方通通风、变得明快一点，装好窗户，把它打开，把所有阴霾一扫而光！

让微风迎面拂过，你马上就能明媚起来。你的焦虑少了，悲伤也有了一个出口，一下子，你的生活少了很多陈腐、压抑和周而复始的感觉。你看着遗憾和失望飞出窗外，你不再需要麻醉自己（比如整天上网）也能平静下来。打开窗户，你会有很多收获。你感到更平静、更有爱，头脑也更清晰了。一切都变好了，就像乌云散去，太阳重新出现一样，你的生活变得更好了。

"放下执念。"在行为认知流派里，咨询师会让你停止采用某种思维，而用别的思维代替，这并不简单，但装一扇窗户，把它打开，这简直易如反掌！

请花点时间想象一下，自己的心房里光线明亮、充足，吹进一缕柔和的风。请在里面待一会儿，什么也不要做。只是打开窗户，让微风吹进来。

到目前为止，我已经写了五十本书，我很清楚写作需要什么样的环境。写作者向往的绝不是幽闭的空间，而是有新鲜空气、清风和蓝天的地方。这既需要专注，也需要放松，就像凝视大海一样。为了找到写作的感觉，我的精神世界需要一个安静的夏日午后，有蜜蜂嗡嗡飞舞，还有凉风习习。而我，只要走进自己的心房，打开那扇窗，就能进入这样的状态。

为了迎接这一阵微风，我们还需要一些正面思维来支持自己，摆脱房间里所有的憋闷。想一想，自己平时有哪些习惯性的负面思维，可能是"我没有天赋"，或者是"大好人生都被我浪费了"，又或者是"我很悲伤"。然后，想象那扇敞开的窗户，在心里感受一下柔和的微风，或者干脆大声地喊出来："风啊，把这些都吹走吧！"

你看着这些想法飘出窗外，一路来到海边，目睹它在阳光下消散。还记得之前在想些什么吗？不记得了！它飘走了，消失了，因为你装上了窗户，让它有了一个出口。

这是你新学到的。你可以随时走进自己的心房，安静地待上一会儿，让负面的想法从窗户里飘出去。想沉迷网络游戏？走进心房，让这种渴望慢慢消失；感到伤心？走进心房，让这种感觉飘走。这扇窗户真是个奇迹，它能让所有你不想要的东西从心房里消失，飘到九霄云外。

在下一个章节里，我们会在心房里放一把安乐椅。坐在安乐椅上，看微风吹散蜘蛛网，该有多舒服！但在本章结束之前，请你再一次走进自己的心房。想象一个阳光明媚的日子，开着窗，柔和的风轻轻吹拂。没有了以往的闷热，请你闭上眼睛，和自己待一会儿，放松一下，不着急，享受一下这种感觉。这将是你内心状态的第一个重大转变。在进入下一章之前，就这样让自己在这间屋子里安静地待一会儿吧。

本书每个章节的末尾都有一些视觉化想象与写作练习，我希望你每个练习都尝试做一下。

视觉化想象 想象自己的心房。装上窗户，打开窗，让微风进来！

思考与写作 看一看自己的心房，看看有没有什么家具或者其他东西需要搬走？是什么东西，又是什么原因让你不想要它们了呢？

第二章
放一把安乐椅

　　"心房"只是一个比喻，我希望你能喜欢这个比喻。它非常有意思，因为我们的人性就在这里呈现。我们每个人生来都不是一张白纸，我们带着人类的本能、欲望、取向、潜力，以及自己的个性来到这个世界。

　　想一想，当你翻新自己的心房，你的原始本性或个性会如何呈现？或者说，它又会如何妨碍你做这项工作？

　　你装上了窗户，打开窗，让风吹了进来。但是，如果你觉得不舒服怎么办（可能你对打开窗户有些原始的恐惧）？某些你看不见的，或者意料之外的力量把那扇窗突然关上了。你走进自己的心房，打开窗户，它又"砰"的一声自己关上了！你说怪不怪？

　　这难道是恶作剧？可能你也感觉到了自己的心房里有一些其他的力量，同时你也感受到了人性有多微妙——我们想要某种生活，就必须和那些看不见的束缚做斗争。弗洛伊德用"本我"来描述这些看不见的力量，这些人性中最原始的部分。荣格用"集体无意识"和"原型"来表达同样的概念。我们想要翻新心房、改变自己，就必然会遭遇本性中某些怪异需求的抵抗，甚至遭遇挫败。这种冲突会不断出现，所以，我们必须学着接纳，并时刻保持警惕。

我们带着人类的本能、欲望和自己的个性来到这个世界，这不是我们可以控制的。所以，当你刚刚打开那扇窗，它又突然"砰"地一下关上时，不用太疑惑，也不用反应很激烈。我们的心房就是这样的：多种力量交织，而非井井有条。如果你能意识到这一点，就更容易接纳现实，然后重新打开自己的天地！

接下来，我们要处理一个很多人都有的问题：自我虐待。要怎么处理呢？

我敢肯定，在你心房中央很显眼的位置摆着一张让你痛苦的钉床。你把它放在那里，随时提醒自己有多失败。你把生活过得一塌糊涂，它就在那里惩罚你。你内心渴求离开这张床。

那么，我们把它搬走！砸碎！就现在，想象一下，打电话叫几个师傅来，看着它被拖走，看着师傅们把这张钉床从头到尾彻底砸碎，这样就不会有人看到它。多给师傅些小费，发自内心地感谢师傅，因为他们帮你解决了人生中最大的伤害：长期的自我虐待。放过自己吧。那张钉床，一直以来都是一种残忍的惩罚。

钉床被拖走了！砸碎了！现在，想象自己在挑安乐椅——你从来都不奢望自己拥有的那把椅子。它不是那种非常艺术你永远不想坐上去的椅子，而是一把真正舒服的、能让你放松的安乐椅，因为这种放松会让你的生活更美好。请慢慢挑选吧！

看一看，你想把安乐椅放在哪里？也许就在刚刚打开的窗户旁边！到底选哪扇窗呢？是能看见美景的那扇，还是最通风的那扇？你也可以把它放在小冰箱旁边（只要你不介意自己突然想吃零食）。总之，想好位置以后就可以下单，然后静候送货上门的师傅了。

让师傅把椅子放在你喜欢的位置上，然后你坐下。你在想，我值得吗？当然值得，即便你把许多事情都搞砸了；即便有些事因你而起；即便有些事你坐视不管。买这把椅子，坐在上面，这表示虽然你有这样那样的缺点，但你仍然值得让自己放松一下。

我们不是为了放松而放松，而是通过摆脱那张钉床，不再折磨自己，获得自我的飞跃。当心灵不再被绑在钉床上，你就更有可能成为最好的自己！

坐在这把安乐椅上，你可以放松自己、恢复活力、认真思考、重燃希望。也许，你会发现自己很难摆脱那张钉床。它之所以在那里，是因为很长时间以来，你都相信自己只能躺在上面。一部分的你在积极地为过往所有的混乱、错误和失败惩罚自己。

也许，这种感觉令你挥之不去，你甚至觉得，躺在上面并不难熬，并且对此习以为常。醒醒吧，这种感觉只会让一切越来越糟糕。如果你想要弥补自己，那就做一件好事、说一句好话、做一些改变。是时候砸碎钉床，放一把安乐椅了。

对了，它不一定是安乐椅。如果安乐椅对你来说暗示着年老和衰退，你也可以把它换成一幅装饰画。在翻新心房的过程中，你需要选择适合自己的装饰画，因为这是在翻新"你的"心房。请按照自己的喜好来装饰和设计吧！比起安乐椅，你更喜欢双人沙发？那就来个双人沙发！

当我们有了某种意愿（比如用安乐椅代替钉床）并进行视觉化想象后，有两个好办法能支持你实现自己的意愿。

第一种方法是积极思考有哪些想法可以帮助自己实现意愿，比方说，这里有五种想法。

① "我再也不要钉床了！"

② "我喜欢我的安乐椅！"

③ "我值得拥有。"

④ "好轻松，好自在啊。"

⑤ "我变得对自己更好了。"

请想象一下，你正走进自己的心房，打开窗户，吹着柔和的风，惊喜地大叫："我喜欢这把安乐椅！"然后坐下来思考、想象、回忆。这感觉多幸福啊！

第二种方法是采用新的行为模式。比如，下面有五个步骤可以让我们更放松，并取代以往的自我虐待。

① 首先是留意。留意自己的行为，分辨其中有哪些是自我虐待。

② 选择一种自我惩罚行为，并告诉自己："下一次我准备这样做时，我会走进自己的心房，在安乐椅上放松一会儿，看看会有什么不一样。"

③ 当你发现自己有自我惩罚的倾向时，请想象那张钉床被拖走砸碎以及你跟它挥手告别的情形，看看会有什么不一样。

④ 对类似的行为，也用同样的方法处理一遍。

⑤ 继续识别自我惩罚行为，一旦发现异常，就请你用这两种想象来应对：第一，钉床被拖走；第二，你坐在安乐椅上，感觉很舒服。

在所有的改变中，最重要的是放下对自己的贬低、伤害、打击和虐待，在这个方面，请多发挥一下自己的想象力吧。你可以自问"我为什么要虐待自己"，然后从不同的角度去思考这个问题，你可以对人类为什么总是喜欢自我惩罚、自我伤害做一些有趣的猜测。即使这不是你的专业领域也不用担心，发挥你的想象力去大胆假设，也许你能做得像专家一样好！

视觉化想象 把钉床拖走，放一把安乐椅。

思考与写作 在翻新自己的心房时，有哪些人类本性是你不得不去面对和处理的？

第三章
换上新墙纸

在你每天的所思所感背后，即便某些想法和感受相对来说比较轻松、舒服，但它们，也可能存在着一种永恒的底色：悲伤。

对很多人来说，这种感觉是真实存在的。他们把自己的心房漆成抑郁的灰色，或者，他们从小就有很多灰尘不断地沉积在心房的墙上。这满墙的悲伤，我们该拿它怎么办呢？

当然是换墙纸了！

先把墙上的积灰铲除掉！鼓足干劲，把墙壁彻彻底底地冲刷干净，看着灰尘被冲走。在你的心房里，你可以无所顾忌地洗刷墙壁，而不用担心把别的地方弄脏！人生中所有的遗憾、失望、失败、伤害、错失的机会以及没有兑现的承诺将统统随之而去。等到墙壁变干净了，你会不会感到舒服些？

现在，让我们来挑选新的墙纸。想象一下，你正坐在安乐椅上，手里捧着漂亮的壁纸图册，细细地挑选着壁纸的图案：带花纹的、维多利亚式的、几何图案式的、蒙德里安式的、超现代的、哥特式的、简约的、有蛋糕图案的。你的心头好是哪一种？哪一种样式的壁纸最能打动你、温暖你的心？就选它！

在现实生活中，贴墙纸可不是件容易的事，但是，在你的"心房"里，这简直易如反掌！你只需要想象——想象自己打开窗户，感受微风习习，看着墙纸贴上墙，被抚平，没有任何纹路或小气泡。如果你不喜欢墙纸，也可以给墙面刷上自己喜欢的颜色。把墙壁弄成你喜欢的那种明亮、欢快的样子。这是你的房间，刷漆还是贴墙纸，都由你说了算！

当然了，想要放下我们胸中所有的悲伤，除了贴上新墙纸或粉刷墙壁，我们还有很多事情要做。让我们先来总结一下，现在，你装上了窗户，打开窗户让柔和的风能够吹进屋子，帮你缓解悲伤。你拖走了钉床，换上了一把安乐椅——这把椅子能为你营造一个更舒适的心理环境。在后面的章节里，我们还会做更多的尝试，去减少"心房"中悲伤的底色。

每一种努力都能够让你心房的景致变得更美。最重要的转变，是从"我只是一个会思考的生物"，转变为"我可以和自己的大脑建立一种全新的、美好的关系"，这是一种更为现实的理念。通过"心房"这个比喻，通过想象这间屋子以及屋子里的环境，通过在屋子里添加你所需要的、值得拥有的一切——漂亮的墙纸，安乐椅，敞开的窗户……你能够重新获得并保持心理健康。

　　大部分人都活在囚牢里，他们常常把自己禁锢起来。而你可以把这牢房转变成自己喜欢的、舒心的、既漂亮又实用的小屋。希望你喜欢自己选的墙纸！要是不喜欢，就马上换掉！

视觉化想象 为你的心房贴上新的墙纸，或者刷上新的颜色，让自己在里面住得更舒心。

思考与写作 改动后，你有什么样的感受？思考这个问题，写下你的所思所想。

第四章
装一个"安全阀"

　　首先请让我解释一下，我不是真的让你去搬家具或者拆墙壁。"心房"只是一个比喻，既然是比喻，那就有很大的想象空间。有些人可能会对我提出的所有建议照单全收，一条一条地去执行，而有些人可能只会把注意力放在某一个点上，在这个点上做些改动。这些视觉化想象练习，哪怕你只是用心练习其中的一项——比如，拖走那张钉床，放一把安乐椅——就已经算是迈出很大的一步了。本章的视觉化想象练习也是一个很好的例子，如果你能真正理解这个方法并加以利用，就能大幅度地降低自己的压力水平。

　　人类会体验到各种各样的压迫感，也就是我们所说的压力。想要简单地、聪明地处理这些真实的、持续性的压力，我们可以在自己的心房里安装一个压力阀。你可以把它想象成给压力锅排气，也可以想象成蒸汽锅炉在排放蒸汽，或者是打开密封罐头时，那熟悉的"啵"声。请你花时间思考一下释放压力的情景，请想办法让它在脑海里清晰地呈现出来。

017

随着想象中的画面，你可以在心里默念"好，现在释放压力"，也可以自创一个小小的仪式，"噗"的一声把压力从嘴里喷出来。只要你定期释放压力，就会发现自己变得能更好地掌控因为没有及时、充分减压而造成的各种后果。

我们需要结合自身情况来理解这个"安全阀"，这种释放真的太重要了。强迫症患者不就是在释放某种心理压力吗？压力难道不是各种成瘾机制背后的驱动力吗？如果我们有一个安全阀或者压力阀能够快速、安全地释放压力，那它对我们是不是很重要？

这个方法同样也适用于躁狂和类似的心理压力状态。躁狂不就是迫于压力想从一处逃往另一处吗？比如逃离无意义感，奔赴有意义之处。那焦虑呢？想一想你在重要演出之前感受到的压力。就是这样的压力，导致了许多所谓的"心理障碍"。"安全阀"能够安全地释放压力，还有什么比这更能减压的呢？

也许，一口压力锅尚不能形象地反映你的压力体验，"安全阀"这个比喻也可能不太适合你。想一想，什么样的画面能更好地呈现出你内在的压力呢？也许是潜水服或者宇航服出故障了？那你可以想象潜水服或宇航服被修补好。你又可以自在地呼吸了！深海的强压也好，宇宙的真空也好，你都可以在其中放心驰骋了。这就是视觉化想象的美妙之处：保护服破了，又修好了，这些画面都可以被呈现出来。

也许冲击钻的声音最贴近你对内部压力和噪声的感受，那就装一个静音开关，按下开关，冲击钻立刻就静音。不断地进行这个练习，砰砰砰、静音、砰砰砰、静音，直到你将这个过程熟谙在心，感受到宁静与平和。

你可以设定一个减少或释放心理压力的目标，并有意识地让自己的思维和这个目标保持一致。试试这五句话。

① 我知道该怎么释放压力。

② 我没必要急着去做什么事。

③ 该使用"安全阀"了！

④ 好，现在释放压力！

⑤ 噗！

也可以试试这五个办法。

① 随身携带一个小物件——可以是一枚特殊的硬币，也可以是一块磨光的石头——当你感到压力慢慢累积，就可以拿出这枚硬币或石头，然后宣布："现在释放压力！"

② 找出压力的源头，看看有哪些是可以被消除的，对于无法被消除的压力源，请你每天使用"安全阀"来

减压。

③ 想一想哪些活动能让自己减压，比如洗个热水澡，或者在大自然里散散步，把这些活动安排到日常生活中。

④ 想一想，有哪些改变——大到改行、避开"有毒"的亲戚，小到睡觉前不看充满暴力色彩的电视剧——这些都有助于缓解精神压力。

⑤ 问问自己："我需要怎么做才能释放这种压力？"如果你心里有答案了，就去做！

压力困扰着所有人，学会减压是一项最重要的任务。发挥你的聪明才智去打造属于自己的减压方式吧。如果你是机械师或者物理学家，那么在物理世界里关于压力的知识中，有没有能被拿来处理心理压力的？如果你是歌手或者词曲作者，可不可以写一首歌曲或者民谣？用你的智慧来迎接这个挑战吧！

最后，请想象你正深入自己的体内，穿越每一条动脉、每一条静脉，去寻找那可怕的压力源。面对这可怕的压力源，你看到了什么？既然已经看到，能不能打个响指，让它消失？

视觉化想象 走进自己的心房，装上"安全阀"，并告诉自己如何使用这个阀门。

思考与写作 写一写"压力""安全阀""压力阀"这几个词，看自己会联想到什么。

第五章
安装"宁静开关"

从今天开始，请你养成一个习惯：想象一下，当你走进自己的心房，打开门时，旁边有个开关，一按，灯就亮了，而在那一瞬间同时打开的，还有一份宁静。让我们就把这个开关叫作"宁静开关"吧。

焦虑和不安让我们无法过上自己想要的生活。如果不敢飞，就不能去最想去的远方。如果表演的时候太过焦虑，就不能好好演出，实现自己的演员梦。当你的大脑过度运转、感到焦躁不安时，你就无法做出最明智的决定。如果有一个开关能让自己平静下来，对心理健康是很有帮助的。

要缓解焦虑，或者消弭过往创伤带来的痛苦和不安，这个简单的心理练习也许起不了多大作用，但是改变必须要有一个起点，而这个开关恰恰是一个很好的起点。每次你走进自己心房的时候，请打开灯，同时也打开一份宁静。

请和自己聊一聊这个想法，并对自己说："情况是有点棘手，但只要我决定让自己平静，就一定能平静下来。"今天，当某些事情让你感到焦虑——无论是工作、新闻、创作、家事，还是某个长期困扰你的问题，请深呼吸，并告诉自己："我正在习得宁静。让我打开'宁静开关'，平静地处理这个问题。"

这是一个简单、极好的方式，它既可以表达对自己的爱，又能够更有力地支持自己去实现目标。如果我们被脆弱的神经、沸腾的血液、过度运转的大脑牵着走，就无法成为梦想中的自己。宁静是心灵的基石，有了宁静，你才有可能拥有其他品质。

练习一下如何应对以下场景

- 当你越来越馋，想不管不顾地暴饮暴食时，对自己说："让我打开'宁静开关'，平静地面对。"

- 当爱人明知故犯，刺激你的神经，一场没有结果的大战一触即发，对自己说："让我打开'宁静开关'，平静地处理这个问题。"

- 当你写小说写到一半，不知道接下去该怎么写，与其贬损自己或者放弃，不如对自己说："让我打开'宁静开关'，平静面对。"

- 当你想要买醉并沉溺其中时，除了尝试其他办法，还可以对自己说："我正在习得宁静。让我打开'宁静开关'，平静地面对。"

● 当生活突然失去全部意义，你很清楚深深的悲伤即将扑面而来，与其急躁匆忙地来抵御这种感受，或者窝在床上蒙头大睡，不如对自己说："让我平静地面对这一切。"

当然，除了告诉自己保持平静，你还有很多事情可以做。平静本身不能让你停止暴饮暴食、改善你的亲密关系，也不能帮你写完小说，或是让你不再酗酒、不再感受到悲伤，但平静是第一步，这一步非常有价值，甚至可以改变一切。

还有很多别的方式可以让你在生活中更加平静，关键是用平静代替焦虑。此外，实用的放松技巧，哪怕是一个简单的呼吸技巧也会有帮助，但是，没有什么比安装一个"宁静开关"更简单的了。在你需要平复情绪的时候，请学着按下这个开关。你可以把这个想法和"心房"这个比喻联系起来，心房的电灯开关同时也是一个"宁静开关"。试试看吧!

视觉化想象 想象自己给心房装一个"宁静开关"，然后打开这个开关。

思考与写作 除了"宁静开关"，还有哪些方法可以用来处理自己的焦虑？请想出2~3个。

第六章
挂一幅杏子画

我们聊了聊你的"心房"，似乎这是一个真实存在的地方。当然，这只是一个比喻。在这里，各种复杂的思维过程轮番上演，比如思考、记忆、想象等。事实证明，这些过程并不简单，而且需要恒久的耐心。我们就举其中一例吧，这个过程对所有从事创造性工作和脑力劳动的人都很重要，我指的是艺术创作或科学研究的过程。

艺术创作过程比大多数人（包括创作人员）想象的都要更加难以忍受，其原因有很多，比如以下几种情况。

- 付出很多努力，但结果只有极少数是还不错的，这极少数里面又只有极少数是真正优秀的，也就是说，创作者要承受很多的"失败"，这就是创作过程的实际情况。

- 整个创作中，创作者需要不断选择，比如"故事线应该如何发展""人物性格应该如何设定"。这些选择会引起创作者的焦虑。谁又喜欢焦虑呢？

- 创作过程存在很多不确定性，而未知让人恐惧，特别是当它们走进我们的内心深处时，这些未知因素会引起很多情绪波动，我们能够承受多少？

- 我们的工作目标，比如解开某个科学谜团，或者创作一部完整的歌剧，可能超出了自己的能力范畴。所以实际情况可能是，我们根本无法实现目标。

- "灵感"是创作过程中的一大乐趣。没有灵感，我们的工作就像一潭死水，但是灵感只会偶尔闪现，不是想有就有的。所以，就算没有灵感，我们也还要工作下去。

艺术创作过程让人望而生畏的原因之一是，并非每一个创意最终都会开花结果。许多人付出大量的时间、精力，最后结果平平，绝大多数人的努力都是竹篮打水一场空。比如，一位作曲家写了一部音乐剧，成了百老汇经典，但下一部作品却无人问津，让人简直不敢相信它们是同一个人写出来的；再比如，一位小说家的处女作特别精彩，但他的第二本书却让人读不下去……他会不会很失望？一位物理学家，眼看着就要突破研究难题，但面对瓶颈，他却无计可施，这使他多年的心血变得"一文不值"……他是不是很受打击？这些都是创作人员在生活里每天都会遭遇的情况，是常态，而非偶然。

你该怎么办呢？当然是尽一切努力创作出好作品——静下心来工作、把作品展示给人看、真诚地去评价，等等。你还必须坦然地接纳自己的错误、失败，面对残局、烂摊子以及时间上的损失，不管它是几个星期还是几年。

为了帮助自己坦然地接纳这一切，我们可以在心房的墙上挂一幅画，请想象，这幅画里是满满的一盆杏子，有的硕大饱满、鲜嫩多汁，有的则斑斑点点、毫无色泽，有的甚至已经腐烂发霉。

这幅画想表达什么呢？就是你必须平静、优雅地接受一切好的和不好的结果。

浪漫主义画家只会画好看的杏子，超现实主义画家也只会挑最好的画，除非他想突出的主题是"腐烂"。但不管是过去还是现在，几乎没有一个画家会把好杏子和坏杏子都画进去，因为这不符合我们对于"什么是美"的判断和一幅画"应该画什么"的传统观念。

但是，我们选择这幅画，并不是因为它有多美，而是为了提醒我们创作过程中的现实；提醒我们在这个过程中，好的、坏的都要接纳；提醒我们做最成熟的自己，知道自己的创作成果从一败涂地到精美绝伦，都有可能。

巴赫一生中创作了数百首康塔塔，其中最著名的作品是第

140号康塔塔，巴赫最令人耳熟能详的十首康塔塔可能是第4号、第12号、第51号、第67号、第80号、第82号、第131号、第140号、第143号和第170号。其他的呢？有没有一些中规中矩，让你听后很快就忘记的？有。有没有一些味同嚼蜡，让你完全提不起兴趣的？可能有。那巴赫是不是必须得接受这个现实？是的。那么你也必须接受。可能你的第一件作品非常出色，然后就打算封笔，好让自己的成功率保持在100%。但这是在直面人生，还是逃避生活？

在你的心房里选一面墙，在墙上显眼的位置挂上这幅画，画里有香气四溢、让你垂涎欲滴的杏子，也有歪瓜裂枣、腐烂斑驳的杏子。这幅画是为了提醒你创造过程中一个无法逃避的现实。

当创造性工作或者脑力工作不顺利，或者作品达不到自己的标准时，请你走到那幅画前，叹口气，告诉自己："这就是现实。"这就是创造的过程，你要做的是尊重以及平静地接纳现实。

视觉化想象 想象一幅画，画里有一盆杏子，既有好的，也有坏的。

思考与写作 好好想一想"过程"这个词。某些"过程"在生活里的真实情况是怎样的？它和你期待的有哪些不同？描述一下吧。

第七章
划出一片"防摔区"

　　人免不了在同一个地方反复跌倒。A找了一个控制欲强的伴侣结婚，又离婚，结果又找了一个控制欲强的伴侣；B明明知道自己有一场很重要的试镜，但还是没准备好就去了，不可避免地失败了，而且他下一场又没准备；C不敢去看牙医，用酒来缓解焦虑，结果下一次要见牙医时，C又喝多了。一次又一次地在同一个地方反复摔倒，是人性最大的特征之一。

　　那该怎么办呢？请在你的心房里划出一块平坦的、干净的区域，用警戒线围住，竖起警告牌，在这里，你想摔也摔不了。

　　想象一下，本来你的心理和情绪都保持得不错，突然，你必须要去看牙医了，之后，你的另一半出尔反尔，或者老板把本来不是你的工作也扔给你做，总之，经常会让你绊倒和摔跤的事情都来了。

　　你很清楚，看牙医会引发你的恐惧，会让你变成另一个人——将你一直努力想成为的那个自己，变回那个唯唯诺诺的家伙。

你很清楚，伴侣一再出尔反尔会让你感觉不舒服，也会破坏你们的关系，你会幻想自己对他（或她）进行反抗、怀疑你们的未来、想离开这段关系以及陷入深深的抑郁。

你很清楚，现有的工作已经让你不堪重负了，老板在星期五下午又突然扔给你一大堆工作，害得你得赶最后一班车回家，你周末的计划全部被打乱，你会对你的另一半和孩子大吼大叫，甚至家里的狗也要倒霉。

在心理康复的过程中，我们把这种"即将发生的事件"称为"诱因"。比如，酗酒的诱因可能是公司年会，或者工作上的应酬。在心理康复的过程中，你要学着去识别这些诱因，并认真对待它们；同时，你需要清楚地知道，这些诱因被触发或即将被触发的时候自己该怎么做。

如果过去的经验告诉你，某件事情可能会让你摔倒，这说明你已经有所警觉了。你可以采取一些预防措施不让自己摔倒。方法有很多种，只要你可以不让自己在同一个地方反复跌倒就可以。最简单的做法，就是走到"警戒线"旁，在大大的警告牌前待上一会儿，提醒自己注意脚下，小心绊倒。

你可以打电话给那些支持你的人，或者参加戒酒团体；你可以不参加公司年会，只是在家里见见老朋友，或者让同事知道你在做心理康复，不能和他们一起出去。这几个措施里，也许你会采纳其中的几个，也许你会全部采纳，包括走进自己的心房，走进那片"防摔区"。

想一想让你摔倒的某个"诱因"，比如看牙医。请你不要退缩，认真地想一想，并坚定地对自己说："我不会再在这里摔倒了。"然后，思考一下该怎么做才能不摔倒。人生是一条坎坷不平、坑坑洼洼的路，这里高一块，那里低一块，总有地方让你摔倒，而有些地方只有摔倒了以后，你才知道那儿有个坑。

这是一种解脱，同时，它还能让你避免重蹈覆辙，不是吗？在遇到挑战与障碍时，吃一堑长一智是个好习惯。在内心成长的道路上，就算付出再多努力，摔倒的诱因还是有可能被触发，从而让你失去平衡。当你看到某些诱因出现时，请认真对待。请走进防摔区，在安全的区域召集资源，谋划战术战略吧。

视觉化想象 想象自己在心房里划出一块区域，在这块区域里，你不会摔倒，你可以在里面安全地思考怎么才能不在同一个地方反复跌倒。

思考与写作 想一想，人为什么不会吸取教训？为什么人会在同一个地方反复跌倒？

第八章
划出一片"无比较区"

当我们拿自己和他人比较的时候，痛苦便随之而来。35年来，我接触了大量的创作人员和演艺人员，最让他们沉溺其中的情绪，莫过于嫉妒——别人要是在什么颁奖礼上得了大奖，有些人在余下的半年里就会像行尸走肉一样，被自己的嫉妒心折磨得生不如死，这是人性的弱点之一。

比如，你从事视觉艺术，你可能会时不时地遇上这些事情：

- 你参加一个艺术比赛，有一幅作品入围了，虽然没有赢得梦寐以求的奖项，但还是去参加了展览的开幕式。

- 在一个大型展会上，你看到了各种新颖的艺术形式，还有一些知名艺术家在对使用技巧和材料进行演示。

- 你参加一年一度或两年一度的行业大会，比如国际粉彩大会，还参加了大会组织的工作坊，有幸观赏了知名艺术家们的获奖作品。

这类活动会对你的心理产生哪些影响？一般来讲，它们会同时引发大量的积极情绪和消极情绪。前不久，我去新墨西哥州阿尔伯克基参加了为期4天的国际粉彩大会，并在会上做了一个主题演讲。会后，我和很多艺术家聊天，他们告诉我，来自世界各地——中国、欧洲、澳大利亚、新西兰、加拿大等地的艺术家让他们深受启发。平时，他们把自己关在工作室里，现在，他们有了同伴，他们共同分享对粉彩艺术的热爱，以及对新产品的好奇和兴奋，参加大会组织的各项活动令他们感受到一种单纯的快乐。

但同时，他们也忍不住拿自己和别人比较。在此次大会的获奖作品展览中，展出了一件又一件精美的作品。不管是刚入行的新手，还是资深艺术家，都很难不去感叹："哇，这个比我画得好。"很多艺术家告诉我，离开大会时，他们的感受很复杂：一面是灵感涌动，一面是深受打击。

如果我们能永远不做比较的受害者，永远不拿自己和别人比较，那该有多好！但这说起来容易做起来难。我们可以做的是在自己的心房里划出一块区域，甚至是一整间屋子，这里有家具、有摆设，但在这块区域或这间屋子里，比较是不被允许的。你坐在这间屋子的沙发上时，永远不会听到自己说"鲍勃做得真好"或者"玛丽的技术真有这么好吗"。你只会听到自己说，"我今天的工作是哪些""我需要怎么做"以及"我真是迫不及待要去工作了"。

我有一些客户曾饱受嫉妒的折磨，他们的两只眼睛总盯着别人的成功，谁赢了什么奖项、谁的新书一出版便好评如潮、谁的视频浏览量过亿、谁的作品在个展上售罄了……他们统统了如指掌。这些人常常说，他们只是在了解行业动态，而这些新闻对他们没有任何负面影响，似乎他们是在考验自己——嘿，看看我在听到别人成功以后，还能不能保持心态平和吧。这感觉就像是一个酒鬼每天晚上待在酒吧里，看自己能不能忍住不喝酒。

我的一个客户是歌手兼词曲作者，他整天关注一位知名歌手在世界各地的巡回演出，并对他的日程安排烂熟于心：伦敦、布莱顿、曼彻斯特，然后是威尔士和苏格兰，最后前往巴黎。他把所有注意力都放在别人身上，却把自己的首演搁在一边。这么看来，关注别人是不是比投身于自己的事业更简单、更安全？

确实，世界上最难的，就是停止比较。尽量少一些比较吧，请在自己的心房划出一块特殊的区域，这块区域不会允许比较的存在，每当你觉得自己要比较时，就马上走进去。因为负面情绪而不去参加行业活动或者和同行交流是很可惜的；同样，用比较去破坏自己、阻碍自己获得成功也毫无必要。所以，当内心升起比较的念头，或者你已经陷进去时，便请你赶紧跑到心房的这个角落里，掐掉这个念头。

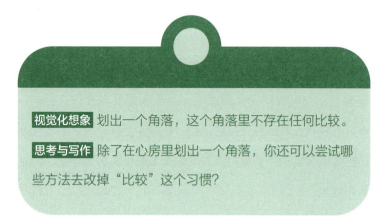

视觉化想象 划出一个角落，这个角落里不存在任何比较。

思考与写作 除了在心房里划出一个角落，你还可以尝试哪些方法去改掉"比较"这个习惯？

第九章
脱掉紧身衣

　　我个人认为，人格由三部分组成：原始人格、面具人格和理想人格。在后面的章节里，我会详细解释这个说法。此时此刻，我希望你能够记住：我们的面具人格就像一件紧身衣。随着时间的推移，我们会变得循规蹈矩、墨守成规，除非我们能有所改变，否则，我们就很有可能活在一个僵硬、束缚，没有多少自由去活动、呼吸的空间里。

　　现代社会有时会束缚我们。一个聪明、敏感、富有创造力的人很希望发挥自己所有的潜力，但是现实世界往往要限制他的选择，束缚他的努力。当代的"一般思想家"跟以前的"自然哲学家"比起来，也根本不能同日而语。那时候，在关于创造的领域，人们有更广阔的发挥空间，现如今，社会分工让我们能选择的范围比以前小多了。

　　当今，聪明人的工作必须有清晰的范围界定——专门研究梅尔维尔早期作品的教授、桥梁工程师、税务律师，等等。而圈定范围之后，就不能另作他图了，因为他要准备期刊投稿，或是准备攻克河里的下一个弯道，或是熟悉税法改革后的变化。

我有一个客户叫玛丽莲，她是一名生物研究员。

"我走到今天，在一所著名高校当生物研究员，这条路很漫长、很艰难，我遇到了太多阻碍和条条框框，而我没有觉察过到底发生了什么。实际上，我在本科的时候对材料很感兴趣，而且喜欢思考一些大问题。但是一年一年过去，我必须把关注点缩小，找到自己的定位，选择自己的生活方式，最后成了某种蠕虫专家。我不再思考，逐渐过得枯燥乏味，其实，我很想找回热情，去研究自己感兴趣的东西。生物学很精彩，但是一路走来，我反而觉得很失望。"

还有一个客户叫马丁，是一位哲学教授，他是这样说的。

"之前我写了一篇文章，是关于康德伦理学的褒贬分析，这篇文章被三位同行批得体无完肤，而最近两个月，我都在写文章为自己的观点辩护。为了能够发表，我必须针对他们提出的每一个细枝末节的问题给出自己的看法。这项工作让我感觉很蠢，但问题还不在于我必须把所有时间都放在这上面，而是我感觉我把自己关进了一个盒子里，在里面进行逻辑推理、推敲语言，然后还得假装这项工作很重要，好像自己在为全人类的知识做贡献一样。"

"研究院是一个很舒服的地方，我本以为自己思考的内容会比以前更浩瀚，但是并没有。我不知道问题出在哪里：是我对整个哲学体系缺乏信仰，还是仅仅对思考本身不感兴趣？抑或是我缺乏自信，害怕自己消化、理解不了那么多问题？还是别的？我真的还能再坚持二十年、三十年吗？想想就受不了。"

如果你的问题就出在这里——你被面具人格和当下的生活束缚了，你该怎么办？要解决这个问题，你得先把你的"紧身衣"脱掉。是它把你工作的范围不停地缩小、缩小，也让你的思维变得越来越狭窄。像胡迪尼①一样逃出来吧。走进自己的心房，脱下这件紧身衣，找一个衣柜或者储物柜，把它挂起来或者收起来。

请感受一下自由的感觉！

当然，当玛丽莲明天走进实验室的时候，她可能还得重新穿上紧身衣，但是今天晚上，她可以在自己喜欢的领域里漫步。明天，或许马丁还得写那篇关于康德伦理学的文章（还得把这件紧身衣穿上），但是今天晚上，他可以像柏拉图、亚里

---

① 指世界著名魔术师和享誉国际的脱逃艺术家哈里·胡迪尼（Harry Houdini），他能不可思议地从绳索、脚镣及手铐中脱困。——译者注

士多德或者自己欣赏的哲学家那样思考。我们至少能有一些完全放松、没有束缚的时候。请享受这美妙的自由吧！

聪明、敏感、富有创造力的人们需要不停地面对这样的挑战：如何找到有意义的工作，如何度过一天天枯燥乏味的工作时间，如何避免一辈子待在某个职业的角落里……在选择工作时，人们是看重薪水还是看重自己的兴趣？如何才能让自己的聪明才智适应这个社会的运行法则？或许，你比较幸运，你的工作恰好和兴趣完美结合，你从来没有被束缚的感觉。但也有可能，你和大多数人一样，觉得是这个世界在限制你的思想和才能。如果真是这样，请你暂时脱掉这件紧身衣，让自己有些许时间，能够自由地呼吸、自主地思考。

视觉化想象 想象一下自己暂时放下"面具人格"和"环境制约"的状态，体验一下自由的感受。

思考与写作 请用自己的话描述一下"面具人格"和"环境制约"有何不同。

第十章
营造"重大感"

说到"宏伟""壮观"这些词，我们可能会先想到科罗拉多大峡谷这样的景观。的确，万千世界，无限奇景，但惯性思维也让我们忽略了从生活中的其他事物中见微知著，比如我们拍下的照片、罐子里的果酱，或者一个吻。这恐怕是因为，我们传统观念里的"重大感"在日常生活中并不多见。

我参加过很多会议——教师大会、商业大会、治疗师大会、艺术家大会——但从来没有听到有人说："我只是想要过得更有重大感。"你听到过吗？大家常常聚在一起，讨论一系列事情（比如开会），但在这些场合，"重大感"这个词似乎从来没有出现过。没有一个政党提倡过，也没有一个组织效力于它，更没有一个说客会强行留住政治家说："支持'重大感'法案，我们不会让你后悔的！"

有一次，我去给学生上课，上课前，我坐在一间休息室里写东西。房间的角落里有几个箱子，里面全是电脑零件，房间里还有起泡机、微波炉、复印机、灭火器、水池、废纸篓和一个专门放办公用品的金属柜子。墙壁是暗沉的蓝灰色，圆桌、椅子和地板的颜色也都阴沉沉的。但是，在我对面的墙上贴着一张海报，美国雕塑家曼努埃尔·内里（Manuel Neri）的纸面油画《阿尔贝里卡1号》。画中女子有着蓝色的脸庞、黄色的身体和酒红色的腿。这幅画的背景的上半部分是明黄色，下半部分是醒目的蓝色。如果没有这幅画，我感觉自己会闷死在这间屋子里，死于某种"重大感"匮乏。

请你回想一下自己的生活，有什么事情曾激起过你心中的重大感？是上班路上的某人某事？是真人秀节目？还是开会时的经历？可能都不是。我的感觉是它更有可能源自音乐、电影、书里的某一段话，或者某一件艺术品。它会让你停下来感叹，会让你感觉自己仿佛到了另一个世界。你也许会在心里轻轻地说："我也应该去创造这种重大感。"你也许会用自己也听不清的声音对自己说："没有这种美，我活不下去。"

画家麦克斯·贝克曼（Max Beckmann）曾经说过——

"艺术的美，源于对生命这个奥秘的最深切的感受。"

这与重大感非常类似。人类渴望欣赏神秘，用各种奇思妙想和独特的方式来思考人生。如果没有这些，我们看到的就不是人类的全貌，而只是一片阴影。如果墙上没有内里的画，耳边没有莫扎特的音乐，手头没有托尔斯泰的书，不管有多少职场福利和股票期权，我们都会感到生活枯燥。没有重大感，我们的生活会显得轻飘飘。

你可以在心房里划出一个角落，以强调"重大感"的必要性。在这里，你可以自由深入地创造伟大、创造美妙、创造意义、创造共鸣，甚至创造一些值得称颂的作品。你需要提醒自己，重大感触手可及，因为你可以自己去创造。这里有什么，完全由你来决定。也许，这是一个充盈着音乐的角落，也许，小黑板上的一道方程式让你激动不已，也许，那些能唤起敬畏之心、宏伟之情和神秘感的东西在等待着激发你。

请现在就来打造这个角落吧。请走进你的心房，选择一块合适的地方，用你自己的方式来创造重大感。在世俗的眼光里，这里也许没有任何与"瑰丽""奇崛"有关的东西，一切看起来可能稀松平常：从河床里捡来的一块石头、一个奇形怪状的娃娃、一扇斑驳沧桑的门。要是你选了大理石楼梯和天鹅绒帘子，我反倒会觉得很惊讶。

生活的匆忙会让人忽略某些美好，重大感便是其中之一，而翻新自己的心房，便是给自己一个机会去欣赏它、歌颂它。在平凡的日子里，生活可能会单调、枯燥、乏味，以至于外部世界没有任何东西可以激发出这种重大感，因此，我们必须到内部世界去寻找。请为自己打造一隅奇景，并把自己的感受记录下来吧。

视觉化想象 想象自己的心房里有一处角落，你可以在这里体验敬畏、神秘、神奇或宏伟之类的感觉。

思考与写作 你希望自己能够多体验哪种重大感？想一想，你会怎样设计自己的心房来激发这种感受。

第十一章
记住"我很重要"

一个人看重、认可自己，似乎是天经地义的事情，只要不过分夸大，自信就是有意义的。可为什么有人会轻视自己呢？

成长经历可能是一个原因。也许在成长过程中，他一直被贬低，人们认为他是个无关紧要的人，有时候，哪怕他想要重视一下自己，都会受到惩罚。文化也是一个因素，"我只是芸芸众生中的一颗尘埃"，这个想法被许多人深深地植入骨髓。集体是第一位的，社会是第一位的，不要搞特殊化……许多人生哲学往往把"我很重要"看成是错误的、不道德的、没有意义的。

社会长久以来流传着许多消极的人生哲学，这恐怕源于一些现代人心中的一个普遍观念——所有的生命，包括人类自己，都只是毫无意义的偶然，不值得为其称颂，也不值得认真对待。——任何关于"我很重要"的事实、道理都被这一观念所淹没。似乎还没有人好好解释过，理解"我很重要"这一点到底有多难。

对于这个观念，不少人虽然半信半疑，但最终还是会强打起精神，努力生活，不过，总有些日子，我们会觉得自己撑不下去，会对自己的渺小感到绝望，对生命的真相感到愤怒。我们感到痛心、挫败，丧失了创造人生意义的动力。"意义"这个词听起来就像一个残酷的玩笑。怀着对无意义感的恐惧和随之而来的愤怒，我们感到迷失、疏离，似乎在这片宇宙里，没有人关心我们自己的存在。

该怎么办呢？请下定决心，肯定自我吧。每当你走进自己的心房，请穿上一件毛衣，这件毛衣叫作"我很重要"。

请想象自己套上一件柔软、舒服的毛衣，上面写着"我很重要"或"我的努力很重要"，或者其他能够让你肯定自己的重要性的表达，即便你对人生可能还有诸多怀疑。每次走进自己的心房，请打开你的"宁静开关"和"安全阀"，然后想象自己套上这件毛衣。在你的心房里，请穿着这件毛衣。有了它，你就能记住，自己很重要。

也许每一个现代人都曾在心底里呐喊："何必呢！干吗跟自己过不去？我还不如吃块巧克力，泡个澡。别跟我提人生目标，创造意义！"于是他吃了块巧克力，泡了个澡。但没过几分钟，他便又被一种必须要创造人生意义的念头打败了，并意识到自己刚才的自弃是多么懦弱。他从心底里升腾起一股反抗的力量，像是希望，又像是骄傲，这股力量让他决意与"我不重要"做斗争。想要击败无意义感，其中一个办法就是穿上"我很重要"的毛衣。

我们必须选择生命。不管我们面前是20年的光阴，还是60年，我们都必须选择生命。这是我们拥有的全部，也是我们实在掌握着的。我们必须让生命有意义，直到死亡让自己不用再直面人生。我们要说："当我活着的时候，我可以去爱。"我们要说："当我活着的时候，我可以去学习。"我们要说："当我活着的时候，我可以去帮助他人。"我们还要说："当我活着的时候，我可以去创造。"选择"我很重要"，是因为我们"可以"，也因为这过程虽然不一定优雅，却真诚、一致，因为我们必须这样。

"我很重要"，请穿上这件毛衣吧，一直穿着。

视觉化想象 想象自己穿上"我很重要"这件毛衣，并在自己的心房里一直穿着它。

思考与写作 几千年来，我们一直被关于人生意义的话题所困扰，但我们更应该做的，是去主动创造人生的意义。写下你的想法吧。

第十二章
加一个"出口"

我们常常会在自己的心房里流连忘返。有时候，我们在埋头解决问题；有时候，我们需要创造出一些能够让自己专注的感觉。这很正常，但请注意，不要太过贪恋和沉迷这种感觉。

很多人会停在自己的心房里，胡思乱想，殚精竭虑，或者什么也不想。这样做既不利于健康，也解决不了问题。该怎么办呢？我们需要一个出口或一个退出机制。请在心房里装一扇门，上面清楚地写着"出口"，你需要知道什么时候该走出去，以及怎么走出去。

现在，就装上这扇门吧。请你走进自己的心房，确定好位置，装一扇门，然后清楚地标上"出口"两个字。这两个字要非常醒目，就像飞机舱门的"出口"标记一样。

要是你遇到有人夸夸其谈、滔滔不绝（不管是要你相信他被火星人掳走过，还是他认为当今年轻人只知道自我放纵、一文不值），只是大声喝止是没有用的。你没办法跟这种人理论，翻白眼或者做一个"停"的手势也没用，因为他的表达完全和你没有关系，他的大脑就像陀螺一样转个不停，他必须说出来。

在你大喊"停下"的那一刹，他可能会停下，惊讶地看着你，好像在说"难道你不觉得到处都是火星人吗"，然后继续长篇大论。你可以摇头、摆手，但他也不会停下。面对这种漫无边际的自言自语，想要让自己解脱，除了走开，别无他法。你可以告诉他："啊，我刚看到莉莉走过去，我好久没和她聊天了！刚才和你聊得很开心。"然后就走开，或者（可能不大礼貌）什么也不说，直接转身走掉。

思维正是这样困住我们的。在遇到意识层面没有感受到的威胁和压力时（比如觉得生活没有意义），它会引发一阵阵声浪，突然之间，我们会觉得某件事情特别重要，并开始纠结。

这件事也许是墙壁颜色不对，必须马上被重新粉刷（本白色，这面墙应该是本白色）；或者你必须到南美洲去，因为这个尚未实现的梦在你的心里晃荡了30年；又或者，你今天早上必须对老板说"不"。

有时，我们很难去打断这种呓语。在紧张的神经惯性下，似乎"你"已经无法站出来对自己说："鲍勃，这和墙没有关系。"或者说："冷静，今年去南美洲不合适。"或者说：

"等等，与其说'不'，不如客气地提出加薪。"

每当你的心里上演这种戏码，你该怎么办？请转身离开！打开门，走出去。对那个喋喋不休的自己说："我现在要走了。"请你站起来，转身，坚定地按下门把手，打开门，走进幸福的寂静。

在一片寂静中，你穿过了一个僻静的花园，然后走向路边的咖啡馆，准备喝点下午茶，吃些甜点，这时，你也许会问自己："我刚才怎么了？"没错，你就是刚才那个狂热的演说家，那些偏执的自言自语就是你内心的声音。你的喋喋不休一定是有原因的。在寂静里，请你鼓起勇气，默默地问一下自己这个问题："我刚才怎么了？"

这些疯狂的自言自语随时随地都可能出现。或许你会把它叫作强迫性思维、躁狂，或许你还没有给它起名字，或许这就是你的一部分，因而你无能为力。但你依然可以做点什么。想要从疯狂的自言自语中解脱，你可以在心房里装一扇门，再加一条红色的霓虹灯，标上"出口"，只要你觉得有必要，你随时都可以走出去。

面对狂热的力量（强迫性思维及其引发的危机），我们还有很多方法可以应对，但"走出去"是最简单易行，又能让人神清气爽的方法。请你默默地起身，离开，不用抗议，也无须表态。请想象自己正踱步在僻静、美丽的花园中，走在喝下午茶的路上。请你一定要给自己的心房装上这扇门！

视觉化想象 给自己的心房装一扇门。

思考与写作 当你陷入自言自语，或为某事穷思竭虑的时候，你该如何让自己走出这种状态？当你需要离开心房时，会使用哪些战术、战略、咒语或仪式来打开封闭的心门？

第十三章
失业的乔

不管是作为治疗师还是作为教练，我永远不会建议来访者或者客户放下手头的一切去进行书中所有的视觉化想象练习，我只是在和他们一起工作、解决问题的时候，建议他们考虑某个特定的想象，它的前提必须是这个练习对他来说恰好合适，而且能起到作用。在本章和下一章，我将各举一个例子，来说明在心理治疗或辅导的过程中，我是怎么把心房的"翻新"工作落到细节的。

我有一个客户叫乔，他因失业而前来治疗。失业给他造成了沉重的打击。首访的时候，他已经失业六个月了，而且前景毫不乐观。

"我觉得抑郁。"他说，"我从来没有这么长时间没工作过。"

"是的，失业让你难过。工作的时候呢？也是这样吗？"

"是的！工作感觉让我抑郁！我讨厌那个老板，上班很煎熬，没有晋升机会，每天千篇一律，我很怕上班。"

我点了点头。"那份工作你做了多久？"

"6年。"

"那之前的工作呢？前面那份工作怎么样？"

"更糟糕！整个环境都有毒。我只能离开！"

"那份工作做了多久？"

"8年？"

"那份工作之前呢？"

"我读大学。"

"大学里怎么样？"我问。

"也很难。我不大适应，室友无法交流，我真的不知道自己在大学里都干了些什么。"

"我先总结一下，"我说，"你现在觉得难过。工作让你难过，之前的工作也让你难过，大学里也很难过，你已经难过了快20年了。"

乔想了想。"是的，是这样的，所以我一直患有临床抑郁症？"

"怎么说呢，你一直都感到难过。"我微笑着问他，"那高中里呢？"

"妈呀！高中就更别提了！"

"我在想，"我接着说，"如果我一路问下去，结果是不是都一样：被胃病困扰，或是不喜欢小学里的老师，感觉自己被边缘化，还有，总觉得难过。是这样吗？"

"是的。"乔同意我的说法。

"所以，是的，你失业了，但你的难过不是这一刻才有的，对吗？一直以来都是这样，甚至有可能是天生的？"

"天生的？"很明显，他从来没有听到过这种说法，也从来没有这么想过。

"有可能，或许你天生就比较敏感，对悲伤的感知能力强。谁知道呢？但是，我不希望我们说得好像你的'抑郁'是现在才出现的。这种悲伤已经伴随你很长时间了，是吗？"

"是的，是这样的。"

和乔一起工作的时候，我把重点放在他持续性的悲伤，但我也在着手解决他实际就业的问题。假设乔患有抑郁症（就像得流感那样）是没有多大意义的，假设乔内心某个地方"突然破碎"也没有意义。悲伤一直伴随他。失业是他当前生活中的应激事件，但是他的负面情绪从很久以前就开始存在，甚至可能是与生俱来的，若是不以发展的眼光看待他的情绪，就无法真正地看见他、了解他。

我问他愿不愿意在家里做一些视觉化练习，我解释了关于"心房"的基本概念，请他对心房进行翻新，让它更适合自己，住起来感觉更好一些。我给了他两个建议：第一，装一扇窗户，让微风吹进来；第二，粉刷墙壁或者贴上新墙纸。

结果，在下一次治疗中，他急着想要分享心得。

他说："我真的去了家墙纸店，路很难找，在一个工业园里。我在那儿待了大半天！我也不知道自己在做些什么，但我心情很不错。"他停了一下，说："但最后我一张也没挑出来。我不是真去挑墙纸的，但这是我感受快乐的一个方式。就像你说的，如果我生来就悲伤，如果这是真的，那我应该找到一些寻开心的办法。就算现在我觉得自己不会再去那家店了，但有些想法正在慢慢渗透到我心里。"

视觉化想象 我已经介绍了十几个可视化想象练习，哪一个让你特别触动？如果有的话，可以多花些时间进行练习，用这种特殊的方式体验认知的改变。玩得开心！

思考与写作 当前的压力和痛苦（失业、离婚，等等）只是悲伤的"放大镜"，而不是引发悲伤的"起因"，要注意区分。

第十四章
愤怒的帕特里夏

大多数艺术家都讨厌上班，保罗·高更也不例外。他跑到塔希提岛画画，还在日记里嘲讽地写道："既有诸神慷慨赐予的自然馈赠，我们还为何工作？"

但凡头脑清醒的当代艺术家都知道，到塔希提岛流浪属于天方夜谭，要是高更还没有入土为安，兴许他们会拿起椰子对准高更的头扔过去劝他清醒些。话虽如此，可仍有一些每天埋头工作的艺术从业者如此想道："这是我应得的人生吗？"我曾有个客户，名叫帕特里夏，是位画家，她整天纠结于这个问题，因为除去作画，她还要上班，而且每周工作四十小时。

帕特里夏在曼哈顿的一家餐厅打零工。在二十几岁的时候，这种情况还过得去，但是现在她三十岁了，没那么好过了。她自己也知道，她还算是幸运的：很多餐厅都倒闭了，而这家还正常营业；餐品不便宜，她可以赚很多小费；领班还行，不好不坏。她知道，单就工作来讲，这份工还不错。但她还是受不了，因为她没有多少时间可以画画。

一开始，她也想不出什么好办法。要不休假一年，专心画画，靠父母接济过日子？不行——她的父母不希望她做艺术家，也不会支持她，她自己更开不了口问他们要钱；要不换一份工作？也不行——这份工作本身还不错；要不然参加一些职业培训，转行做心理治疗师、人生教练或者其他行业？也不行——培训需要很多时间，而且那令她离画画的梦想更远了！再不然，像电影情节里那样，找个"钻石王老五"？能找到吗？不大可能，她也做不出这样的事！还有别的办法吗？买彩票？借酒消愁？

最后，我们制订了一个为期六个月的计划，目标是画得更多……非常多，她必须更努力地去成为一名职业艺术家。要不要放弃现有的工作？不用，当然不用。这让她看到了一丝希望。

起初的一个月很艰难，这在意料之中。我们约定好，她每天都要给我发一封打卡邮件，但她很多天都没有发，即便发了，也只是说"今天没有画画"。到了第二个月，好多了，到了第三个月，她画了不少作品，一个星期三幅，有时四幅。然后，邮件突然停发了。

在接下来的一次咨询里，她说道："我很愤怒。"

一切都让她愤怒。每天要上班，她很愤怒；餐厅顾客人均消费150美元，她很愤怒；作品只能放在家里什么也做不了，她很愤怒；艺术商业化，她很愤怒；画廊办画展，她也很愤怒。她对整个世界都感到愤怒，而且一天比一天愤怒。她恨父母反对她画画，贬低她"既放纵又荒唐"——尽管她父亲就是画家！她恨童年时父亲的暴脾气，恨那些堂而皇之的不公正。

"你和你的愤怒之间，是什么样的关系呢？"我问她，"你是支持它还是反对它？"

她想了想，过了很久，说："我离不开它。"

这是非常重要的认知。

"然后呢？你想一直跟它在一起吗？"

"我也不知道。"

"那好，我们来试试这个。"

我解释了"心房"的概念，然后试图帮助她释放怒气。她对这个可视化想象很有兴趣：在墙上挂一幅画（画里既有甜美的杏子，也有腐烂的杏子）。她试图在脑海里呈现这幅画面，并且在尝试思考。

过了一会儿，她喃喃自语道："杏子烂了，我应该生气吗？"她摇摇头，"也许我该把注意力放在过程上……你看，我的某些作品也许就是这些烂杏子……这个练习很有意思。"

这对她很有帮助。她开始享受画那些"烂杏子"了，我能感受到她的宽慰和自我接纳。尽管生活的磨炼仍在继续，但她坚持画画。不久，一家画廊收了她的两幅"烂杏子"。又过了不久，她的一幅画以标价卖了出去。这是一个里程碑。故事还在继续。

视觉化想象 创造一个属于自己的想象。想象一下，你走进自己的心房，然后……

思考与写作 试着改变一下心房的环境，让自己更愿意居住其中，你能做到吗？

第十五章
动态自我调节

在第一部分结束之前，让我们暂缓探索心房的脚步，先接触一个关键概念——动态自我调节。

大脑真正的神奇之处，在于它能够进行自我对话，并通过这些对话进行动态自我调节——还有什么比这更神奇的事吗？对我们来说，正是这种机制能让我们保持心理健康，感到心情舒畅。

关于人性以及人类行为动机的解释，有许多系统的理论。这其中，有六个比较典型的理论。

一是生理决定论。该理论认为，人是一台生物机器，受制于基因、激素、神经系统和其他生理因素。比如，大脑若遭受损伤，人就有可能失去记忆，这是人类生物特性的一个证明。这一医学模型的观点是，当我们的生理功能运作良好时，我们的心理便是健康的，当生理功能不能正常运作，心理也就出问题了。这种观点认为，我们应该把心理的困扰看成是生理问题的延展，这些症状需要医学上的治疗，并且以药物治疗为主。

二是心理决定论。这一观点认为，人类或多或少受制于自己的心灵。随着心智的发展，我们能够行动、体验、理解自己的经历和所处的环境，并控制自己的欲望和本能。这种观点认为，当心灵不歪曲现实、不制造内在冲突、接纳自己的情感需求时，我们的心理就是健康的。也就是说，当心灵为我们服务，而不是反过来伤害我们时，我们的心理就是健康的。这种观点支持心理学疗法，这也是继医学模型之后的第二大心理健康模型。

三是性格决定论。我们的自我是从生命伊始和个体发育和成长的过程中，根据遗传倾向、环境经验以及每一次的自我认同建立起来的。在成熟之后，我们的行为模式是固化而不经思考的。每个人的性格都清晰可辨。就像我们说，人有内向或外向、活泼或忧郁、刻板或鲁莽、传统或创新之分；或者，用心理咨询的语言来说，人们存在被动攻击型、边缘型等人格——这些名词背后所隐含的意思是，"性格决定一切"，性格让每个人成了一个可预测、可识别，却又难以控制的统一体。

四是社会决定论。该理论称，人类是由社会角色、人际互动和各种人际关系所定义的社会性动物。这种观点认为，"乌合之众""领袖崇拜"和"家庭冲突"等现象揭示了人类的真实本性,揭穿了"我们是独立的个体"这一谎言。家庭治疗师和社会治疗师都以各自的方式支持这一观点,比如,他们认为每一个"问题儿童"都暗示着家庭问题。这种观点认为,个人的心理健康必然与家庭动态、群体动态、人际关系和社会生活密不可分。社会心理学是对这些问题最感兴趣的心理学分支,不少实验有力地说明了人类是群居动物,对群体的依赖程度远远超出我们的想象。

五是环境决定论。心理学和精神病学所忽视的一个观点是,环境对我们的影响比自己承认的要多得多。缺乏安全感的校园、冷漠的师生关系……如果你孩子所处的环境是这样,你还要不要送他去上学?伴侣让我们愤怒、讨厌……倘若如此,你们的关系还要不要继续?一周工作50个小时,地位低微,压力巨大……你还要不要坚持?总之,环境是关键因素,它会极大地影响我们的心理健康。这个理论认为,所有的心理健康模型都必须天然地考虑到个人所处的环境,否则便是不合理的。

实际上,以上五种观点都不认为人类有能力和自己讨论人生,不认为我们能够积极去理解自己的本能、欲望、心理运作机制和性格,或者意识到人类自己可以处理悲伤、焦虑和其他心理困扰。其实，人类一直有能力和自己聊聊"发生了什么"——遗漏或忽略这一点真是让人匪夷所思。

因此，第六种模型或观点便是：人类是具备动态自我调节机制的有机体。通俗一点说，我们可以和自己对话，改变自己的关注点，比如，我们可以关注平静而不是焦虑，我们可以变得充满激情而不是冷漠，我们可以去爱而不是去对抗。也许，我们在这方面做得不尽如人意，常常让自己沉溺于无益的想法和行为，甚至我们更愿意去相信自己无法改变。这令人遗憾，但这不是反驳大脑具有自我调节功能的论点。

人类是由无法解构的驱动力、欲望、思维、感觉、记忆、神经活动和其他一切人类本性所组成的集合体，但除去这些，人还能够认识、理解并努力帮助自己改善现状。这是我们翻新"心房"的前提，也是这项工作的本质。

请想象一下这六个模型是如何环环相扣的。假设你经常喝得醉醺醺的，你的细胞不断地在适应喝酒这个习惯，它们渴望酒精，所以，你有"生理"问题；你成天想着喝酒，所以，你也有"心理问题"；另外，你嗜酒如命，是因为你天生就喜欢借酒消愁；此外，你的长辈们都喜欢喝酒，你是在酒桌上长大的；更要命的是，你的工作压力一直很大，婚姻也陷入危机，所以，你不得不通过喝酒来缓解压力。这五个因素——生理、心理、性格、环境、社会——是如何导致你酗酒的，简直一目了然。

尽管这六个模型环环相扣，看似不可动摇，但是通过大脑的动态自我调节机制，或者"和自己聊聊"，你便可以停止酗酒，开始康复——康复的本质就是不断地与自我对话，讨论自己为什么想戒酒。一个内在的"你"想要喝酒，而另一个"你"则更为理智，为了保持清醒，他积极思考、觉察、反思、驳斥，并保持着内在的对话。这就是动态自我调节的过程，没有这个过程，就没有觉醒。正是它让我们的觉醒和改变成为可能。

意识到这一点非常重要。上述的六个模型或观点都具有影响力，但它们都不是决定性的。请记住这一点，也记住自己始终可以运用动态自我调节的力量，并相信它最终会使你受益。这难道不是描绘一个人最好的方式吗？我们不仅仅是严格意义上的生物体、精神体、由性格决定的个体、家庭造就的个体、环境塑造的个体……更是一个可以通过自我对话而解决问题的个体。

尊重人类的思考能力，是我们获得心理健康和幸福感的最佳途径。动态自我调节模型对于造成心理和情绪困扰的生理、心理、性格、社会和环境等因素并不排斥，但它拒绝从单一视角把人类视为某一因素作用下的产物，这是简化的、不准确的。我们必须把所有因素都考虑在内，这样我们才有机会获得真正的心理健康和幸福。

视觉化想象 试一试自己能否把"动态自我调节"的过程用画面呈现出来？你进入自己的心房，然后……动态自我调节会是什么样子的呢？

思考与写作 从本书的第一部分选择一个可视化想象练习并深入思考。

第二部分

——

调整居家状态

第十六章
少一点冲动：学会静观其变

　　我们可以设想自己的"心房"，也可以设想我们的"居家模式"。后者是你在心房里特有的状态：在那儿，你会不会常常感觉到悲伤、愤怒和困惑？你的"居家模式"会呈现出你心房里的整体氛围：是憋闷、幽闭、有压迫感，还是其他？实际上，"居家模式"就是你"心房"的性格。

　　在第二部分里，我们会看一看哪些方法可以让你在"心房"里待得更舒服。此前，我们已经试过一些方法，比如装上窗户、换上安乐椅、安上"安全阀"……这些都很容易去想象。但是，如果你想改善自己的状态，以及自己在心房里的行为模式，你又该怎么做呢？这似乎不那么容易去想象了。

　　对于某些事情，人们往往很想要一个答案。比如，你的另一半得到一个工作机会，但需要远渡重洋，你会陪他一起去吗？你身患疾病，医院有三种治疗方式，你会选择哪一种？在这样的时刻，你是否会在自己的心房里静心思考？还是希望答案已经在那里等着你？"不行，我不要背井离乡""不行，我不要化疗"……如果这个答案在你走进心房的那一瞬，就立刻跳出来，你会相信这个答案吗？它又是从哪里来的呢？

我研究过一些法国画家对普法战争的反应。每个画家的反应都不尽相同，有人觉得亲历战争会启发他们的艺术灵感，于是主动应征入伍；有人拒绝战争的疯狂；有人想试探自己的勇气，上战场接受考验；有人则逃到乡下，安静作画，远离纷争；有人还会为战争辩护；有人凭借父母的人脉逃过一劫，在家庭的庇护下尝试描绘"美好的事物"，用绘画缓解战争带来的伤痛；有人则无所事事；还有人被抓了壮丁，更有甚者在战火中丧了命……这些例子不胜枚举。

每一种反应都可以被理解，但更重要的是，我可以感觉到他们的内心发生了什么。战争一打响，他们便做出了反应，好像有一个想法立刻出现在每个人面前——似乎他们没有多少认真思考的余地。这些画家里，有多少人是把所有可能的选择都考虑过一遍，然后再做出决定的呢？也许一个也没有。他们大多是根据所谓的"面具人格"来做出反应的，就好像他们一拍脑袋就决定了。

如果在我们走进心房的刹那（甚至还未进门时），某些分析、想法或者自发的反应一下就跳出来，这会不会是无意识的陷阱（或者是我们的面具人格与紧身衣）？作为意识的主人，难道我们不应该对这些答案抱有质疑吗？不管这个答案看上去多有力、多诱人，你都不应该立即把它当成最终答案，不是吗？这些答案只是我们探问的起点，而不是终点，更不一定是什么良策。

还记得电视台所有的问答节目吗？选手在回答问题后，主持人都会问："这是你的最终答案吗？"然后，选手会停顿一下，但几乎每次，他们都会重复先前的答案，也许是因为胸有成竹，也许是因为没有更好的选项。而对你来说，在你还没有真正纵观全局之前，请一定不要想当然。面对重大问题，你需要做的不仅是行动，还有思考。

鉴于我们的大脑会自动给出某些答案，也鉴于潜意识会诱导我们接受这些答案，所以，在进入心房后，你需要认真地和自己对话。对话内容或许是这样的："我并没有得出这个答案，它就已经在那里等我了。既然如此，它理应反映了我的某些想法和感受。有可能是焦虑、恐惧、愤怒，或者其他的感受。不过，它太过先验，因此我要先放一放、想一想。要是过后我得出了同样的答案，那自然更令我放心。要是我得出了不同的答案，那我更要庆幸——因为自己没有贸然决定。"

怀疑第一反应的有效性，会不会让我们对自己的直觉产生怀疑？确实如此，而且应该如此。直觉或是仓促之下的判断，都会在你的大脑里发声，但它们不应该凌驾于思考之上，更不应该在需要思考的时候取而代之。如果我们的生活只是由一连串仓促的决定所组成的，这样的生活谈何滋味？请善用你聪明的大脑，它很乐意帮助你，但对于它给出的第一个答案，请不要轻易接受。让它多干点儿活吧。

请你想象一下自己需要做出重大决定的时刻——答案早就在那里等着你——你可以悄悄地打开灯，走向安乐椅，静静思索。你想着："我在等，等着做决定。"你的"按兵不动"，可以为你争取时间，给自己真正思考的机会。这能让你减少冲动行为的可能：或许那封令你后悔的邮件，你不会发；那些令你后悔的话，你也不会对另一半说。你心房中的安乐椅有很多功能，其中一个就是：让你慢下来，先思考，然后做出重大决定。

视觉化想象 想象一种不再冲动的"居家模式"。请坐在安乐椅里，让自己三思而后行，而不是仓促决定。

思考与写作 如果你历来都冲动行事，这种冲动从何而来？它的源头在哪里？请自己剖析一下。

第十七章
少一点自我破坏：警惕内心的"小人"

　　人类并不总是诚实的——对他人不诚实，对自己亦然。人类为什么要自欺欺人？答案很简单——人们会受利己主义的驱使。但是，自欺能得到什么好处呢？自我破坏的价值在哪里？不管出于什么原因，很多人在心房里的居家模式就是自我破坏，他们让自己负担重重，似乎房间里有一个始作俑者——一个卑鄙小人，我们最好对他有所警惕，并想办法把这个小人赶出去，这就是本章的目标。

　　全世界的民间故事里，都有对应的"卑鄙小人"。各个民族的文化都意识到这是我们本性的一部分。搅浑井水、偷鸡摸狗、落井下石、夺人钱财、挑拨离间……他们把每个人的生活都弄得一团糟，他们坏事干尽！

　　这些人心里的阴险、狡诈、可怕的冲动从何而来？为什么会有人那么卑鄙？为什么有人从是非分明、体谅宽容的好人，变成了喜欢惹是生非的恶人？是什么让我们的内心滋生出了一个卑鄙小人？

　　我对自己小时候的劣迹还记忆犹新。有两个男孩正在操场上进行跑步比赛，是我伸脚绊倒了其中一个。为什么要这么做？我并非针对他，我也不在乎比赛结果。说实话，这场比赛对我一点都不重要，但是我为什么要去搞破坏呢？

　　在民间故事里，小人会偷吃、偷钱、偷火种，所有能偷的他都会去偷。他们乔装打扮，神不知鬼不觉地侵入人们的生活。他会不会就潜藏在你心房的角落？他是不是正在化身为一盏台灯，或者从哪个地方寄来的明信片，或者吃了一半的三明治？转眼间，他现身了：他有着恶狠狠的眼神，性情比你想象的还要卑鄙。这个内在的"小人"，就是你的一部分，他渴望伤害别人，而这个人也许正是你自己。在你的心房里，"小人"永远都在，不是在这里就是在那里。试着把地毯拿起来，或者挪开架子上的豌豆罐，这样你就能看到他了！

　　我们应该如何对待这个"小人"？把他关起来？惩罚他？还是把他流放？以眼还眼？这些都没用，但我们可以提高警惕。面对自己的阴暗本性，我们可以说："阴谋诡计，想都别想。"每次看到这个卑鄙小人，即使他伪装成吃了一半的金枪鱼三明治，你也可以大声呵斥："绝对不行，你这个小人。绝对不行！"

　　你可以用严厉的口吻警告他：你知道他的鬼把戏，这一点都不好玩，而且你一点都不欣赏他。不要有丝毫让步，否则他会得寸进尺。也不要露出丝毫笑容，因为他会把你的微笑当成一种默许。他不是你的朋友。他很狡猾，他想混淆视听。请告诉他，你知道他要玩什么鬼把戏！

我们的心房里总是影影绰绰，藏着这个小人。请拉开窗帘，让光照进来，你也可以把灯打开。我们需要多一点光，少一点阴影；多一点意识，少一点冲动。那个狡诈、阴险、恶毒的小人是从哪里来的？谁知道！他们在哪里？就在我们看书的时候，就在我们身边，在床上，在心里，即使我们努力想做最好的自己。我们必须警惕这个小人。也许（只是也许），如果我们经常教训他，他就会离开。也许，我们早晚可以摆脱他。

想象一下——这个卑鄙小人正灰溜溜地夹着尾巴被赶出你的心房。

他不是你的朋友，也不是任何人的朋友。他伪善、阴险、野心勃勃。我们之所以一直在容忍他，是因为他就是我们自己。我们自己就是半个小人，就是那个爱叫别人出丑的、那个认为什么都偷的人。那个小人就活在我们心里，是人类的天性把他放了进来。

现在，请你走进自己的心房，找到他。他就在某个地方——橱柜里、角落里，或者正坐在你的安乐椅上嘲笑你。快把他揪出来，警告他，说你很清楚他的为人，而且你不欢迎他，你一点都不喜欢他，也不想看到他待在你的心房里。也许他不会听，也许他会和你捉迷藏，变成你的袜子，或者他阴魂不散、不死不灭，这些都不要紧，你的工作就是注意他、警告他，让他知道，也让自己知道，你有时就是那个小人——你并不欣赏他。

视觉化想象 警告自己内心的卑鄙小人，赶走他。看着他走出你的心房，想象他灰溜溜消失的样子。

思考与写作 "人之初，性本恶"，去除恶念时，你可能会感觉有点奇怪。请写下自己的体会："赶走了小人以后，我是更开心？还是会有些怀念他？"

第十八章
少一点癫狂：控制你的脾气

你是否见过小孩发脾气？请想象一下，一个三岁的孩子在玩游戏，玩偶被井井有条地摆在地上，似乎在讲述着它们自己的故事，也许是海盗正在出海，也许是士兵正在演练，也许是一宗火车失事现场。从旁边走过的你被这一幕逗乐了，却不小心把其中一个人物踢倒了。小孩子随即大发脾气，其程度和你踢倒小人这件事完全不成正比。

你会想，"这真没道理只要把玩偶物归原状就好了啊。"但无论如何，他怒不可遏，很少有父母知道该怎么安抚这样一个发脾气的孩子，或是怎么让他停下来。有时候，小孩子的脾气必须发出来。

不过，即便是小孩子当众发脾气，让你无地自容，也算不上什么人间惨剧，因为这毕竟只是小孩子。但要是换成大人呢？从小孩身上，我们会不会看到路怒症的苗头？看到家庭暴力、家人失和的缩影？一个成年人若是无法自控，乱发脾气，后果简直不堪设想。请想象暴徒们倾泻怒火的情形，请想象整个国家都怒火中烧，在人类的认知里，没有任何事情可以阻止人们发脾气，除非他们自己善罢甘休。

在我的教练生涯中，创作和演艺人员发脾气是很常见的。以下是我遇到的四种典型的情形。

①你是一位作家，你刚写好一部作品，有人说他很想看一看。你把稿件寄给他。他回信说太忙了，还没有时间看。这件微不足道的小事，促使你创作了一部关于背叛、屈辱、失败，以及人性残酷本质的最暴烈、最夸张、最叹为观止的剧本。你为什么这样？这可以归结为人类酷爱过分夸大他人对自己的"不重视"。

②你是一位画家，刚刚画好一些新作品，但不知道该怎么定价。一方面，你觉得自己的心理价位合情合理（就算再高一点儿也说得过去）。另一方面，任何价位你都想试试——考虑到艺术品售价的浮动范围，你既可以半买半送，也可以开出天价。面对这种每天都可能会遇到的困难，你不去做选择，而是陷入麻木，你不卖了，也不画了。你心头一冷，两手一摊，陷入绝望。

③你是一位音乐人，写了一些新歌，想录成唱片，但还没想好要选哪几首。这首听上去很有商业价值，但会

不会太商业化了？这首很有艺术感，可会不会太安静？这首很棒，但是还需要一个伴奏——谁有空？这首很动人，但有点抄袭嫌疑？你翻来覆去地想着这些事情，内在的冲突愈演愈烈，最后它爆发了。应该选什么？这首，那首，还是其他？最后，一场大爆发终于到来，你无限期地搁置了这个项目。

④ 你是一位演员，你的社交媒体的头像是你的短发照，但是你觉得自己还是长发更好，于是你找来了摄影师，价格不便宜。照片拍得很不顺利，一方面是因为你自觉相貌平平，另一方面是因为摄影师不够积极。你拿到样片，没有找到任何一张完全合意的照片。有些还过得去——但过得去就够了吗？花了那么多钱，却没有拍出自己想要的效果，你在心头怒骂，甚至觉得这一切很荒唐。结果，今年所有的试镜你都没去。

每个人都会发脾气，这让"我们能控制自己的思想或情绪"这句话简直像个笑话。但是，是不是有那么一瞬间——在最微妙的时间里，那个三岁小孩的内心（成年人也一样）允许了自己发脾气的行为？那个最短暂的瞬间（虽然它转瞬即逝）足以让一个三岁小孩对自己说："我现在好想发脾气。我要发脾气了！"

请想象那一刻——在你放任自己发脾气前的那一瞬间，就一瞬间，请在脑海里呈现出那一刻……然后把它定格。

我们可以在那一刻改变主意，对"发脾气"说不，我们可以对自己说："我可不准备发脾气。"——你的伴侣也许会无数次地乱扔脏东西，你可以发脾气，也可以想："我不准备发脾气。"人们发脾气有道理吗？谁都说不好。但是，发脾气对我们有用吗？

有时候，我们也许会觉得"发脾气感觉真好啊"，但是这感觉真的那么好吗？这是一个严肃的问题。如果发脾气真的能让你开心，那这至少还算是一个发脾气的理由——多半是唯一的理由，因为发脾气几乎从来没有给我们带来任何好处，或者产生任何积极的影响。发脾气真的会让你开心吗？你真的会觉得："啊，工作的时候发脾气我真的好开心啊！"或者你可能会回味："好爽啊，我对那个客服发脾气了！"那些发过的脾气真的让你觉得开心吗？

我不这么认为。

即便那些荒唐、幼稚的爆发给你带来过片刻的释放，但控制怒气仍然应该成为我们动态自我调节和心理健康计划的一部分。你需要为你的心理健康进行规划，并以此为基础来实现自己的人生目标，积极地找寻人生的意义。每一次发脾气，无论它让你感觉多么好，实际上，它都是在夺走你本可以用来活出自我的宝贵时间和精力。

经验告诉我们，即便是三岁的孩子也能够控制自己，也能够考虑放纵自己会有什么后果，小孩子也会悔不当初，并对发脾气有所节制。当那些玩偶或者火车模型被不经意地挪动时，他们也有可能不会发狂。很多三岁的孩子都能做到克制，而我相信你也可以。

也许，你看上去并不是一个会乱发脾气的人，但是，当你走进自己的心房，情况就不一样了。或许进门的那一刻，你给自己颁发了一张"愤怒邀请函"，在这里，你允许自己火冒三丈，对着家具拳打脚踢，好像你的整个世界都要分崩离析。这份诱人的、金光闪闪的邀请函正邀请你大发雷霆，而你接受了。为什么？也许生活逐渐平淡，而你渴望一些刺激（即使是这种不恰当的刺激）；也许，这是压垮你脆弱神经的最后一根稻草；也许，你是在为别的事情生气，这只是导火索。谁说得准呢？无论出于什么原因，你接受了。

既然这份邀请函正蠢蠢欲动地等待你接受，你就得有所准备。首先，请你在心房的门口挂上一块牌子"不准发脾气"。其次，当你走进屋子时，你要小心，并留意那些情绪的导火索。要是有哪位穿制服的管家把邀请函放在银制托盘里呈上来，你就摇摇头，并轻轻地说："啊，错了，被邀请的人不是我。"最后，即便你只是在屋子里走动，也要时刻保持警惕，有些导火索可能潜伏在衣橱后面或者安乐椅的垫子下面，正等待一个突然袭击你的机会。

请你在安乐椅的扶手上和屋子里各个角落贴上小标语：请不要发脾气。也许，这会让你的心房少一些生机，但这样的生机不要也罢。

每个人都有一颗想要发脾气的心——这是遗传基因决定的。可大自然为什么觉得这可能对我们有用？为什么要把人类自私的基因设定成当世界不按我们意志转移时就来一场狂轰滥炸？原因是不言自明的，但我们可以做得更好。在那些眼看着就要发脾气的时刻，请对自己说"不"。一场情绪的爆发并不会让你心里有多好受，给自己留点尊严，绕路走吧。

视觉化想象 想象一下，你的心房里不允许暴怒。贴上一些标语，比如"不要小题大做""别生气"。

思考与写作 为什么你会对一些小事大发雷霆？针对这个问题，写下自己的感受。

第十九章
别庸人自扰：把放大镜换成平光镜

为了改善你的居家模式，在前几个章节里，我们说到"少一点冲动""少一点卑鄙""少一点脾气"。本章我们要讲的则是怎样正确地看待困难以及如何直面困难。

也许，你有一些棘手的事情需要处理，比如换工作、搬家，或者戒酒，可在需要改变的紧要关头，你总感觉犹如泰山压顶，有心无力，唯恐避之不及。你总在心里说"我恨死这份工作了"，可随之就咬紧牙关，继续埋头工作。

"我得重新找个对象了""我得离婚了""我得重新找份工作了"……我希望你让这些想法在脑海里多停留一会儿，这是一个很好的习惯——请让它们停留一会儿。在停留的过程中，请留意那些让你不舒服的想法和感受，并恳求自己坚持下去。

让我们想象一下。你正舒舒服服地坐在安乐椅上，但你知道艰难的时刻即将到来。你的心房已经翻修一新，你已找到了新的庇护所，你需要的是静坐、呼吸，让自己做好准备迎接困难。请打开"安全阀"，释放掉你的压力。请不要夸大，也不要抱怨自己不应该承受这一切。请尽量保持冷静，感受坐在安乐椅上的那一份轻松和自在，继续思考，保持呼吸……

当你沿着"我得离婚""我得换工作"这些负面信号继续想下去时，随之而来的必然是一连串"狂轰乱炸"，比如"我要失业了""我会变得很失败""离异往往是儿童心理问题的开端""我的父母知道我的状况以后会瞧不起我"……但请你不要逃跑，并忍受自己思考的过程。

这很困难。也许你会被自己一连串的恐怖想法所淹没，但是为了做出改变，第一步就是试着先让这个想法停留在脑海里。不要担心自己会被淹没、不必争论、不必回应、不必应对、不必接受、不必做任何事情，仅仅是停下来，仅仅是忍受思考的过程。

"忍受"能带来冷静。你会看到，自己可以熬过去，然后，你自然会思考具体的解决办法，但无论如何，你都要培养这个习惯：直面困难。你一直都在努力打造自己心灵的房间，让自己安全、舒服地在里面思考、感受。现在，我请你把它也想象成一个能够暂时扛起困难的臂膀。

不要把困难放大：养成这个习惯对你会有所帮助。把困难放大只会让自己痛苦。困难本身是怎样，便就是怎样，我们没有必要将其放大。我们每天都在与自我对话，请不要在里面添加煽动性的话语，我们需要养成这个重要的习惯。

举个例子。假如我是一名画家，我在想"我得给那个画廊老板打电话了"，这再正常不过。但是，如果我想的是——"我得给那个画廊老板打电话了，但是我把他号码放哪儿了？要是没人接，对方要我留言，我该怎么说？要是有人接，我又该怎么说？我不知道是不是真的要找那家画廊，但要是他们不同意，也没有别的地方愿意收购我的画，那我真是太失败了！"——这完全就是庸人自扰了，过度的担忧让我可能不会打那个电话了，就算打了，焦虑状态下的我也不一定能妥善沟通。

为什么我们会把困难放大呢？原因有很多，它们大抵都可以被理解。也许是焦虑，也许是恐惧，也许是自恋（我们有时候会把自己想象成英雄，把解决困难想象成拯救世界），也许是一些心理回馈机制在作祟（比如受害妄想），还有可能是我们觉得生活有些无聊，渴望一点刺激，想让生命之火烧得更旺一些。这都是常见的、完全符合人性的，但它们都让我们在原地打转，驻足不前。

请从现在开始养成这个习惯吧：不要把困难放大，但也不用缩小（搞得好像困难并不存在一样）。你该怎么做呢？请把你放大镜的镜片取下来，换上一块普通的玻璃镜片——它让你看到什么，就是什么。请想象一下，从一块玻璃里面看一只蚂蚁的感觉——它的大小如其所是；请再想象一下，从一块玻璃里面看生活中的大事小事，让它们也如其所是。

请想象你的安乐椅旁边有一张小桌子，上面放着这柄平光镜，请用它去看看"生活本来的样子"，因为它不会把困难放大。

我想要告诉大家的是，我们很容易回避困难，而直面困难并不简单，因此我们才需要多加练习。如果不把困难放大，我们面对起来就会容易一些。遇到困难时，我们的脑海里自然会刮起风暴，但重要的是学会勇敢地度过风暴，而关键就是正视它，记得要用平光镜让自己看得客观、看得真切。

视觉化想象 想象自己坐在安乐椅上，用平光镜清晰地观察生活。

思考与写作 有些困难名副其实，而有些困难则言过其实。如何才能更好地分清楚这两种情况？

第二十章
少一点存在主义悲伤：脱掉你的厚外套

人经常会悲伤，谁都会。人们的悲伤各有其原因，其中有两个常常被忽略：一个是高敏感，另一个是人生缺乏锚点，所以人们才时常感叹人生无意义。

人类悲伤的原因实在太多，也许你待在心房里的时间，悲伤的时刻占据大半。也许，你在心房里一直穿着冬天的厚外套，如果是这样的话……就把它脱了吧。

说来容易做来难。如果你可以给自己的心灵送去一份礼物，让自己真正摆脱灵魂的重负，那就是不要去纠结于"意义"。这一点非常重要。人们在努力创造的过程中，倘若能够感觉到一丝意义，就已经足够幸运了。一旦认识到这一点，你就可以呼吸、感叹、放松，让意义回到它原本的位置上。

"人生必须要有意义"的口号是一个沉重的负担，比如，在写小说或者做实验的过程中，也许人们时常在寻求意义感。但实际上，你越不寻求意义感，你的悲伤就越少。

说得再深入一点。请把人生比作一个项目，我们执行这个项目已经付出大量的努力，除了这些努力，我们还要给自己增加额外负担吗？难道我们必须要觉得这些努力是有意义的吗？人生还不够艰难吗？不够，我们要让人生更沉重，我们还有额外的需求，就是自己的努力必须有意义。如果没有意义，我们就会悲伤。

我们需要用更轻松一点的态度看待意义。不要强行要求某个体验必须要有意义。请脱掉你的那件厚外套，换上一件长袖衬衫吧！每当你多寻求一点意义感，你就是在给自己增加负担，这反而可能削弱你获得意义感的能力。别让自己一不小心又穿上那件外套，请不要再给自己的人生体验增加负担了！

说得再清楚一点。假设你有一股想写小说的冲动。我相信，在开始写作的那一瞬间，你并没有去考虑写小说的意义——你只是想开始写。在不"要求"某个行为必须"有意义"的情况下，你反而更有可能收获意义。你不需要从写作中获得任何东西，你只是想写。所以，至少在那一瞬间，写作是有意义的。

假设你的写作另有目的，比如，你渴望意义感，并且明确地把写小说当成一种能够为自己构建意义的活动，可到头来，你很可能会发现自己并没有怎么体验到意义感。刻意地要求一种行为带来意义感，反而可能会降低获得意义感的可能性。

用这种方式谈论意义感，并请你看轻它，这种说法也许有些新奇，但我希望你能够领悟这句话：认为所有的努力都必须有意义的想法，只会给自己带来负担，而你其实并不想给自己增加这种负担。你希望做某件事情能够给自己带来意义感，你可以珍惜自己的期待，但你不必执着于必须怎么样。

打个比方，你可以希望自己假期过得开心，因为你打算舒舒服服地来个日光浴，而这并不等于你在要求你的假期必须是开心的或是你必须去晒日光浴。就算假期里阴雨连绵，你也可以享受假期，或者，你甚至都不必执着于开心的感觉。你可以希望某种契机能让你体验到意义感，但你并不必执着于它必须给你带来意义。

你不能强迫人生有意义，你也不想这么做。相反，在慎重地决定那些能够支持自己实现人生目标的选择之后——人们常常想要放松。这种深度放松是一种哲学，也是一种智慧，它可以被理解为："努力过后，我选择放松，因为我想要放松，无论放松是否让我觉得有意义。"

为了获得这一份智慧，请走进你的心房，脱掉那件厚重的外套。没有它，你是不是感觉好轻松？这表明你已经能够轻松地看待"意义"了。

"创造意义"意味着：重视，选择，努力——然后该来的总会来。你一直可以为自己的选择、重视和努力感到自豪，你并非要在这些过程中感受意义。当然，要是你也收获了意义感，那真是意外之喜！

让自己朝着人生目标去奋斗，然后放轻松。这样，那件厚重的外套就飞走了！

视觉化想象 想象两个内容：第一，你不再需要追求意义感，脱下那件厚重的外套；第二，想象自己穿着长袖衬衫，轻松地看待"意义"及有关一切。

思考与写作 思考并记录下自己对这句话的感悟：活出自己比追求意义更重要。

第二十一章
少一点无聊：想象一副卡片

你在自己的心房里，坐着……你觉得无聊。这是个大问题。

人一旦无聊了，就想要做点什么，而"做点什么"往往只能暂时缓解无聊。有人喜欢飙车，可一旦停车，无聊感就回来了。

在这个充满琐碎的时代，无聊感正在愈演愈烈，不是吗？你该怎么办呢？

想象自己手里有一副卡片，不多，总共五张，你能够记住卡片上的所有内容。不过，要是你记不住，你也可以自己做一副卡片，请想象自己可以随身带着它。

在无聊感出现的那一刻，请你拿出这五张卡片，每张卡片上都有一个标题，提醒自己始终铭记以下几点。

● 不要害怕无聊。无聊只是一种心理状态，它时隐时现。

无聊不是什么悲剧，你没有理由借此颠覆自己的生活。

无聊确实让人不舒服、彷徨不安，但它不是世界末日。

你的第一张卡片上可以写下伯特兰·罗素（Bertrand

Russell）的名言："对于道德家来说，无聊是一个严重的问题，因为人类半数以上的罪过都是源于对它的恐惧。"你笑了。是的，无聊带来了一阵空虚感，但你没有必要为此大动干戈。

● 无聊不意味着人生失败。无聊只是一次小小的存在感危机。关于意义，你正在学习，你知道意义感是时隐时现的，因此，即使你暂时感到无聊，这也不叫人意外。你只要守住自己的人生目标，思索自己想在哪些方面创造意义，然后，你会发现，无聊感反而可能是孕育丰富的创造性活动的前兆。请在这张卡片上写下艺术家玛丽安·马蒂亚森（Marianne Mathiasen）的话："我发现，一整天的无聊之后，我变得更有创造力了，我们的大脑可能就是需要时不时地休息一下。"把无聊感看成积极事物的前奏吧，而不是对人生的负面评价。

● 无聊是我的动力。雕塑家阿尼什·卡普尔（Anish Kapoor）说："一个人正是在无所事事的时候，他才会去尝试各种可能性，当然，他要么有所收获，要么一无所获。"第一句来自艺术家居斯塔夫·克里姆特（Gustav Klimt）："今天我又急着想工作了——我很期待，因为我之前什么也没做，我觉得好无聊。"有规律的、有效率的工作能够赶走无聊，而恰到好处的无聊感本身是一个很好的提醒，它在提醒你及时回归自己的人生目标和人生计划。

● 无聊在掩盖什么？无聊是否可能掩盖了你的其他感受，比如怨恨或者愤怒？你的这一张卡片上有两句话，一句来自神学家保罗·蒂利希（Paul Tillich）："无聊是愤怒的蔓延。"另一句来自小说家G.K.切斯特顿（G. K. Chesterton）："打哈欠是无声的呐喊。"如果你感受到的并不是无聊，而是一些别的东西，就请给它取个名字吧。

● 做最好的自己。也许你还不能有效地应对某些心理挑战，比如无聊。的确，你的面具人格可能会习惯性地制造无聊感，但它正是你通过理想人格提升自己的契机。请记得哲学家索伦·克尔凯郭尔（Soren Kierkegaard）的话："无聊是万恶之源。"还有这一句"人最容易忘记的是自己。"当你成为最好的自己，无聊可能就不再是一个问题。这张卡片提醒你，无聊是因为你正渴望人格的成长。

不管你是在幻想中还是在真实世界里，你都可以用这副卡片来应对无聊，请想象或者真实地制作一副"悲伤卡""焦虑卡"或是"成瘾卡"。目的很简单：通过卡片上的文字来提醒自己——生活中经常会出现各种挑战，你打算怎样去应对。

视觉化想象 想象出一副卡片，你可以用这些卡片快速、有效地处理无聊感。

思考与写作 无聊对你来说意味着什么？

第二十二章
少一点重复思维：换一个词

不断地重复出现同一个念头，重复到无以复加，这是面具人格的一个特征。这种强迫症会加剧个人的心理痛苦，并阻碍其人格成长和内在疗愈。如果你的居家模式是重复思维，如果你总把心房里的气氛弄得既紧张又陈腐，不如改变一下。

德国作家海因里希·波尔（Heinrich Boll）写过一本著名的小说《九点半钟的台球》（*Billiards at Half Past Nine*），里面有一名角色每天中午都吃得一模一样：干酪配辣椒粉。这个角色不大讨人喜欢，他守旧、刻板，他在生活中最不能忍受的是丰富多彩。他千篇一律的午餐对每个人都是一种警告：切不可墨守成规、故步自封！

重复意味着局限，从某种角度来说，它还可能是一种危险，甚至百害而无一利。我认识一个朋友，他每天都会吃所谓的健康餐，最后他变得营养不良。他以为自己是对的，但实际上并非如此，若是改变饮食习惯，兴许他还能幸免于难。

重复有时并没有错，但过于稳定的状态是生活太过狭隘、太过束手束脚的信号。在日常生活中，重复也会有风险，而思维的重复也是一样。

请回想那些刺痛你的想法，它第一次出现的时候，你也许只是觉得有点难受，可要是它出现了一百万次呢？要是你每时每刻都在想，日复一日地想，你的生活不就被绑架了吗？请想象一下，你坐在自己的安乐椅上，一次次默念："我没机会了……"它就像一盏挂在墙上的绿色霓虹灯，闪个不停。时刻地重复着这种论调，你能有多安乐？日不能思，夜不能寐，总想着"我没机会了"，这种生活又是什么滋味？

对于一些负面的、反复出现的想法，你既可以严肃、认真地对待，也可以另辟蹊径。比如，把里面的一个词改掉，换成你喜欢的词。比如，你本想着"我没机会了"，但试着换一个词，把它变成"我没袜子了""我没芹菜了"或者"山羊没机会了"。是不是看起来有点傻？可这或许也是一种智慧。

如果你反复抱怨"人生一点都不公平"，请试着换一个词，比如"滑翔伞一点都不公平"或者"人生一点都没有紫色"；如果你抱怨"竞争好激烈"，试着把它变成"脆饼好激烈"或者"紫花苜蓿好激烈"。这种把戏能否让人生多一点公平，少一点竞争？不能，但是它能打断我们的自我催眠，让你开怀一笑，这有什么不好吗？

我们对重复、低效、无法摆脱的自言自语再熟悉不过了，我们知道它会带来巨大的无力感和破坏力。你一次又一次地怀疑"我锁门了吗"让你筋疲力尽，还占用了你原本可以用来有效工作的精力。心理疲劳、无聊和烦躁的本质不就是如此吗？这些可怕的重复思维就像一次次炮轰，我们需要战略来遏制它。

行为认知流派的心理治疗师经常提出类似"思维暂停"和"思维替代"的策略，但这些方法往往不够有趣。他们碍于其专业形象，往往不会说一些莫名其妙的东西，但其实，心理医生正应该来点儿幽默感，请想一想，"我没苍蝇了"是不是比"我没机会了"听起来有趣一点？

也许你改变的并不是某一个词，而是转变了观念（比如把"我没机会了"改为"我还有机会"，或者把"人生一点都不公平"改为"人生中有很多事情是公平的"）。我能够理解你的做法：你想把生活描绘得美一点。这么做完全有道理，但我还是希望，你可以偶尔"无厘头"一点，而且越傻越好。不管是字词还是句子，请尽可能地让它千奇百怪，超越常规。笑一笑，开心一下！玩玩看，看自己会体验到什么。

请准备好！当某个念头出现——比如"我没机会了"——对自己说："如果今天再出现这个念头，我就换一个词，让它听起来很傻。"如果它出现，你就嘴角上扬，然后大声说，"我没葡萄了""我没核桃了"。这能让你开怀一笑，请相信，这个方法自有其可取之处。

视觉化想象 请想象你自己坐在安乐椅上，百无聊赖，千万别让重复性、强迫性的想法压倒你！想象一下，当那些想法又出现时，请你换一个词，让它变得滑稽。笑一笑，然后想一些美好的事。

思考与写作 选择一个经常重复出现的想法，用20个办法把它变搞笑，然后再看看自己还记不记得先前在想些什么。

第二十三章
少一点"未完成"：放一张工作清单

大部分人做事都虎头蛇尾，不管是开拓业务，还是学语言、学吉他。过去的35 年中，我辅导过大量创作人员和演艺人员，这种情况可谓数不胜数，许多人往往在项目接近尾声或只需再努力一下时止步不前。为什么会这样呢？原因有很多，我的一位画家客户列举了其中的五个。

① 作品不符合艺术家最初的设想。很多时候，艺术家在还没画之前就已经"看到"成品了——他们已经先验地看到了作品的壮丽与华彩。然而，在其真正作画的时候，自己面前"真实"的作品却并没有最初设想的光彩照人和完美。他们失望、沮丧，于是，他们不是硬着头皮走到最后，就是中途放弃。

② 人们担心自己无法再超越自己。头脑会欺骗你，让你以为自己眼下的想法无出其右。人们对江郎才尽的恐惧常常让自己压力重重，与其如此，不如先把手头的事情做好，它可以让你暂时回避那种面对空虚感，发

现自己根本无力还击的恐惧。

③ 人们害怕失去当前的好感受。你正在画一组红色组画，画布上的红色让你感到活泼、愉悦。你想要再画一组蓝色组画，虽然你的头脑和美感告诉你，蓝色组画是有意义的，但是你的心却少了一些悸动。你更喜欢红色，而蓝色却有点儿阴郁，几近寒冷。为了保持这份鲜活的感受，你下意识地一直画，一直画。你只是想和红色的画多待一会儿，结果红色的组画却一直未完成。

④ 人们尚未为开始做好准备。每次开始创作新作品都是对艺术家的一次考验（甚至是痛苦的考验）。他们会纠结"还会有更好的想法吗"或者"我画得到底对不对"，又或者"这幅画到头来会不会又没人要"。他情愿继续画手头的作品，就算它已经可以算是完成了，或者就差最后一笔，但对这些不想开始的人而言，这也比面对另一张空白画布所带来的不适感要好。

⑤ 内心的过度评判。你一直对自己说："虽然这幅作品现在看起来还不怎么样，但是其成品一定会令人惊艳！"你想着，只要好好画，就能画出自己想要的效果。你一直抓着这念头不放，而你也深知，等你画完

以后，你就不得不真正评判自己的成果了，它令人惊艳还是糟糕？为了逃避这审判，你想着"我还是多画一点吧"。于是，你修修补补，近乎画蛇添足。

有什么好办法可以解决这些问题呢？我们可以在心房里放一叠"工作清单"。

如果你正在装修你的心房，而且就快完工了，我想，你需要有一份竣工待验收清单：比如漆好最后一面墙，或安装最后一盏灯，等等。当清单里所有的事情都做好，房子也就完工了。然而，创作人员一般没有这样的概念，他们的工作里没有验收清单或工作清单之类的东西，他们可能永远都想不到这些，而即使这个想法突然出现在他们的脑海里，他们也不知道该在工作清单里填些什么。

对于一个项目来说，一份竣工清单是极其重要的，不过在这里，我们只需要进行一下视觉化想象。想象自己拿出一沓工作清单，撕掉最上面的一张并填好。想象一下自己想要完成的项目。这种想象能为我们设定一个目标。如果你真的动手做了一份工作清单，那也很好，不管怎样，你都可以用这种方法来提醒自己"我想完成这个项目"以及 "我还有大量工作要完成"。这可以巩固我们这种转瞬即逝的感觉："我想要完成，而且越快越好！"

视觉化想象 想象一份工作清单，并想象自己因为有了这份清单而想要完成某个项目。

思考与写作 半途而废是你的习惯吗？想象自己想要完成或者实际上已经完成某件事，这对你有帮助吗？

第二十四章
少一点渴望：食欲的艺术性

很多人都有成瘾的问题，但这些问题的背后，可能是他们对其他事物的渴望。

你也许也会用苏格兰威士忌、大肆购物或者在线扑克游戏来满足自己的渴望，如果你是这样应对渴望的，那么，在你翻新心房的时候就应该有所注意。如果你的心房里有一处角落，在你踏足之际，能让你燃起一些追求更有意义的事情的动力，比如某个项目、某项活动或者某个人生目标，而非酒精或某种消遣，岂不是更好？

如果没有这样一处地方，你可能最后会像卡夫卡笔下的饥饿艺术家那样，因为找不到自己喜欢的食物而在马戏团里殒命。饥饿艺术家是卡夫卡创作的存在主义文学《饥饿艺术家》（ *Ein Hungerkünstler* ）里的经典悲剧人物，他很擅长忍饥挨饿，每天都有观众花钱去看他表演挨饿，日渐消瘦。他并不觉得自己有什么特殊才能，只是没有一样食物能引起他的兴趣。当看守人问他是怎么获得这种"天赋异禀"时，饥饿艺术家回答说："可是你们不应该赞赏，因为我……"他微微抬起小脑袋，噘着嘴像要亲吻看管人似的，贴着他的耳根，生怕他漏掉某一个字，"因为我找不到自己喜欢吃的东西。假如我能找到，相信我，我才不会招人参观，惹人关注，而是像你，像所有人一样，吃得饱饱的。"这是饥饿艺术家生前说的最后几句话，他的瞳孔已经放大，眼神里流露出的不再是自豪，而是一种坚定的信念：他还要继续饿下去。

不少人发现自己处在这种奇怪的境地：坚定而不自豪。他们坚信生活里没有可以让他真正感兴趣的事物，他们宣称如果真有这样的事情，自己就会真心热爱。这话听上去有点空洞，就像饥饿艺术家生前最后说的那些话一样。一个身心健康的人会找不到任何好吃的东西？冰激淋、比萨饼、烤肋排……什么都不好吃？还是说（从存在主义的角度来说），这只是情绪低落导致的食欲不振？

不管造成这种状态的具体原因是什么，无数聪明、敏感、富有创造力的人发现自己就像卡夫卡笔下的饥饿艺术家：他们在日渐衰弱、一无所爱的同时坚信，只要稍微审视一下，就会发现自己所追求的一切最后都变得空洞而无意义，好像什么都不能激发出他们内心的意义感。读小说，还行。然后呢？种玫瑰，也还行。然后呢？学习木工，做了几件东西。然后呢？上课，上课还算有趣。然后呢？

一旦一个有兴趣爱好的人丧失了意义感，他必然会感到绝望，但是这种人的困境里往往还有一种奇怪的执念，即他好像下定决心不放弃自己的世界观，即使另一种世界观可能也会带来意义感。很多聪明、敏感、富有创造力的人既沉迷于一种没有意义感的生活，又沉迷于这个奇怪的执念：坚决不去脚踏实地地创造意义。

很多人有热情、有爱好、有兴趣，去追求学问和事业，但他们从来没有找到自己真正喜欢的专业、职业和生活，甚至对自己的热情、爱好和兴趣，他们也过一段时间就感到厌倦了。我有一位客户叫桑德拉，她说："49年了，我发现自己对任何事物都无法保持长久的兴趣。艺术算是一个，我很喜欢，但是我喜欢的范围很广，博而不精，没有特别喜欢的，但是我希望自己有。我忍不住会觉得，要是一心一意做一件事情，就会错过另一件事。这是贪婪，还是有激情但没有专注点？我羡慕那些能够深入探索自己主题的艺术家。我感觉自己好像一辈子都在思考，自己长大以后要做一个什么样的人。"

毫无疑问，每一位饥饿艺术家都在用自己的方式成为饥饿艺术家。想让一辈子过得极度无意义并不难，杀死意义感的方法数不胜数：不关心、不承诺、不鼓起勇气、不做选择，面对困难缴械投降、坐以待毙，等等。

　　该怎么办呢？在你的心房里一定要有一处地方——它可以是某把椅子，某个角落，某个不起眼的地方——你一到那里就会感到充满渴望。

　　现在想象一下，你在自己的心房里，坐着或是站着，渴望人生，而不是人生的替代品。请看着这样的自己，想象一下最后的结果。然后会发生什么？

视觉化想象 请你想象自己在心房里，渴望找到人生目标，渴望创造意义，渴望生命！

思考与写作 暴饮暴食（或者任何能让你上瘾的东西）是源于对食物的饥渴，还是对人生缺乏渴望？

第二十五章
少一些负面评价：到河边散散步

你的居家模式很重要。同样，你如何评价自己的生活也很重要。因为你怎样评价生活，就怎样体验生活。如果你的评价是消极的，那么你的体验也积极不到哪里去。要是你的负面评价比较极端，必然会引发很多问题。

为什么有人会对人生做出极端的评判呢？也许是因为他（她）小时候没有被好好爱过；也许是因为他（她）养家糊口花费了大量时间；也许是因为他（她）从来没有遇到过灵魂伴侣；也许是因为他（她）看到义行善举遭到不公平对待；也许是因为他（她）的梦想和目标从未实现过；也许是因为他（她）清楚地看到财富分配极其不均；也许是因为他（她）对人生有更多的期待——对生活，对他人，对自己。

然而，很多人没有意识到，他们在评判的同时也做出了一个决定，而且没有意识到这个决定给自己带来了不一样的人生。你也许就是其中之一。如果你得出的是悲观的评价，可能你有大量的理由证明人生就是一场苦难，但如果你的决定是"人间值得"，你一定会感觉好很多。肯定生命，对你是最有利的。

如果对过去失望透顶，感觉人生艰难，你还能不能积极地评判往后的生活？你真的应该和自己好好讨论一下这个问题了。请走进自己的心房，坐在安乐椅上。壁炉里的火烧得很旺很暖和。请你问自己一个问题：人生是否真的很艰难痛苦？这是一个难题，如果回答"很艰难"或者"不太容易"，再问自己一个问题：我该怎么做，才能改变这种观念？

提问，然后回答。

也许我们不太适合坐在安乐椅上进行这场谈话，那就请你在心房里为这场重要的、困难的对话设计一处特殊的环境吧。也许室外或者散步的时候进行这番对话会更好一点，如果是这样，就请你在心房后门的小河边加一条林荫小道。走出屋子，到河边漫步，享受鸟儿和花朵带来的惬意，和自己聊聊天，探讨一下该怎么做，才能对自己的人生竖起大拇指。

我们的大脑会倾向于把引发不安的内容自动排除掉，所以，或许有些人并不认为自己对人生的评判是消极的。很多人，甚至是绝大多数人，对生活做出了负面的评价和结论，却又矢口否认。

对人生的评判为我们提供相应的动力，并在很大程度上决定我们是否会按照自己的原则去生活，它会影响到我们的人生体验。如果你同意这一观点，那你必须认真思考，下定决心，努力让自己对人生做出更积极的评价。也许，只是也许，这一次你能站到"人间值得"这一边。

如果你能够把人生描绘成一个项目、一项义务、一个为自己感到自豪的机会，甚至是一场冒险——你会发现，你能体会到更多的意义感，当这些意义感积少成多，无意义感就不再是一个问题！

现在，走进自己的心房去进行这场对话吧。也许是坐在安乐椅上，也许是在河边散步，无论你用哪种方式设计这些场景，都是时候面对那些消极评价可能带来的后果了。你的居家状态有可能正被这种消极所挟制。不要让自己的心房充满了消极情绪，不要总是在里面摇头叹气，努力找到让自己点头和肯定人生的办法吧。

视觉化想象 想象自己给生活一个大大的赞，虽然你仍有很多理由可以对它做出负面评价。

思考与写作 你有没有不知不觉地对生活做出负面评价？你对此是怎么看的？

第二十六章
少一些抗拒：打碎冰块

如果你是一个有创造力的人，你可能会像很多创作者一样，发现自己常常会对创作和脑力劳动产生抵触情绪。为什么呢？有很多潜在原因，比如以下几条。

- 工作很艰巨。

- 工作让你失望。

- 工作枯燥乏味。

- 选择很艰难，比如到哪里去拍摄自己小说里的情节。

- 家务繁忙，各种责任压在身上，分身乏术。

- 已经做过类似的项目。

即使一切都不是问题，有人仍然会不想工作，有时，他们每天都有这种感觉，好像在自己和创作之间有一层薄薄的冰，他们必须强行打破这层阻力才能行动起来。

该怎么办呢？那就打穿那层冰！

当你扭动制冰盒，让冰块松动下来的时候，冰块会发出碎裂的声音，我们对这个声音很熟悉。请你在心房里放一个小冰箱，冰箱里有一个小小的冷冻室，可以用来放塑料冰盒。冷藏柜里则可以存放全世界最昂贵的零食（反正不用买），或者你平时常吃的零食。记得把冷冻室空出来，因为里面要放冰盒。

这个冰盒该怎么用呢？你可以在每天开始创作之前，象征性地走到心房里的小冰箱旁边，打开冷冻室，拿出冰盒，用力扭一扭。好大的碎裂声！在冰块碎裂的同时，你是否感觉自己的阻力也随之裂开了？然后，请快速把冰盒放回原处——不用重新注满水，因为冰块虽然松动了，但是你并没有使用它们——赶紧开始你的创作吧。

当你感觉自己被困住，没有动力的时候，可以试试这个练习。一天过去了，你没有任何产出。两天过去了，你还是什么都没做，日复一日，一个月过去了。你知道自己该有所行动，现在知道该做什么了吧，请打破这层冰！

如果扭动冰盒达不到你想要的效果，可以试试另一种心灵仪式。也许是想象自己在碗边打破蛋壳，或者在一个明媚的冬日走到湖边，感受脚下的冰块裂开，又或是想象自己把花瓶砸到墙上，也可以想象用球棒击球，发出"砰"的一声。想象力可以尝试一切！你可以自创各种破冰练习，每个都试一下，也许你会找到你的"拖延症终结者"。

很多创作者都会有一种很容易引发焦虑的心态，它叫作完美主义。对不完美的恐惧会导致他们拒绝创作，直到他们获得一种内在保证，能使他们确定自己创作出来的作品一定是优秀的，但是这种保证在创作者的现实里并不存在，结果他们等啊等，永远都停留在原地。借助心灵之眼，你可以粉碎焦虑——你可以将它想象成一个鸡蛋、一块冰、一块代表"完美"的玻璃，这能帮助你破除长期存在的阻碍。

恰到好处的"破冰"能帮助你突破日常的抵触情绪，消融长期存在的阻力。心里明明有想法却没有去创作，是最令人失望的。它可能只是你和创作之间的最后一层冰，只需要轻轻一敲——也可能是猛地一下——你就能将其打破。请你扭动冰盒，听一听美妙的碎裂声，开始创作吧。

视觉化想象 想象自己扭动塑料冰盒，随着破裂声，冰块松动了，你和创作之间的那层阻力也被打破了。

思考与写作 当你感觉自己有阻力或者抵触情绪时，你打算怎么做？自己思索一下吧。

第二十七章
少一些恐惧：拥抱老朋友

我们需要思考，而所有的思考——不管是计算，还是预测、创造、解决问题——都会制造一定程度的焦虑。

如果我们知道自己会焦虑，并且具备一些焦虑管理技能，那么这种自然而然的焦虑便不足为惧。但我们往往看不到这一点，焦虑来时，我们往往毫无准备，措手不及，结果，我们非但没能妥善处理，反而去抱薪救火。

- 你可能是在逃离——逃离当前的思维活动。也许你刚刚开始思考问题，就立刻起身去做别的事了，或者人还在原地，但是思绪飘走了，飘到一个能让神经放松一点的地方，比如购物、玩游戏，或者看看天气预报。

- 你可能是在采用危险的"疏导"方法来帮助自己维持原状。在痛苦地思考中，你挠破头皮，咬坏指甲，你随身带着一瓶苏格兰威士忌或者一包香烟，或者准备用其他方式来安抚自己。

- 你可能很快就缩小了思考范围。也许你本来是想写一部小说的，于是你坐下来开始写作，可焦虑一涌现，你的小说最终变成了一篇博客。一篇博客虽然也能让你庆祝自己做成了一些事情，但你最后难免会变得懊恼，因为当你静下心来，你的内心知道自己本来想做的是什么。

- 你可能会变得小心求稳。比如，对大脑来讲，重复已有的信息比新思考要容易很多。大多数人都不会去动脑筋，因为思考会引发焦虑，所以他们编好信息，不断地重复，就像竞选演讲或者录音带一样循环播放。这让我们听起来更聪明、更自信，表达观点时也更清晰，但是这里面有创造力吗？有创新吗？有自己的用心吗？

- 你可能会突然"灵魂出窍"。当焦虑遇到一个天生喜欢讲故事的聪明人，比喻、叙事和幻想很容易让他停下手中的工作，转而幻想起来。他任凭思绪游走，幻想着成功、征服、复仇或者任何能够安抚他、分散注意力的事情。一个富有创造力的大脑是敏捷的，它可以整天循环上演美妙的幻想——早上战胜猛兽，中午赢得爱情，晚上获得普利策奖，但是这种幻想并不能疗愈疾病，或者让人写完小说。

- 你可能想多充充电，做更多的研究，比如放下手头的工作去看书，或者参加讲座。在意识的某个角落里，我们知道自己在玩什么游戏，这让我们更加痛苦、更加失望，也更加焦虑；我们希望创作不要那么艰难，我们被"正确思考的十个技巧"或者"完美思考的秘诀"这类研讨会所吸引，但其实我们是在逃避创作、逃避焦虑、逃避思考。

我曾经治疗过一个客户，他叫乔，是名医学研究员。

"这些方法我都用过！我吸烟、拖延、幻想、看杂志，在自己的小角落里原地打转，但我不知道我原来是在回避焦虑，也不知道这些行为在本质上都是有联系的，现在，我知道这其中的联系是什么了！我必须面对现实，就是当我研究一个难题时，我会焦虑——就是这样。我必须接受现实……然后解决问题！"

焦虑不可避免。现在，请你想象它即将到来，请你换一个角度，不要把它想象成一头怪物，而是一个老朋友，然后像拥抱老朋友一样去拥抱它。

当然，你肯定希望这位老朋友不要来。确实，他不是真正的朋友，但它既不是陌生人，也不是敌人，而是一个预警，它提醒我们，危险正在靠近。让我们迎接焦虑，也学着有效地管理焦虑吧。你可以尝试很多技巧：呼吸练习、改变认知、放松技巧、释放压力、重新定向、不认同，等等，请学习这个老朋友造访时的应对方法。

请你想象坐在心房的安乐椅上，正在努力思考某件事情，突然一阵焦虑涌上心头，但你没有惊讶——而是镇定地说："你好呀，老朋友。"你微微一笑，知道他一定会来，也知道自己无法阻止他的到来，但你已经学会（或者正在学习）怎么让他快点儿离开了。

视觉化想象 当焦虑不可避免地出现时，想象自己拥抱焦虑，就像拥抱一个老朋友。想象这个拥抱，并感受拥抱带给你的轻松和平静。

思考与写作 "当我想要思考某件事情，但突然之间感到焦虑时，现在的我是怎么做的？"请描述一下吧。

第二十八章
沉默的莎莉

第二部分的主题是"居家模式"，这个话题充满了迂回曲折和人性的错综复杂。在本章和下一章里，我们会从我的两位来访者身上看到其中的复杂性。首先是莎莉。

我做心理治疗师的时候，有一位来访者叫莎莉。莎莉在一家非营利机构负责筹款工作，她的三个孩子已经成年，丈夫比较强势，莎莉给人的感觉是她是一个快乐的人，但她自己知道自己常常极度焦虑、极度悲伤。她来咨询的时候，是绝望和无助的。

当然，焦虑和悲伤之间不一定有关系。不管你是否体验到其他情绪，你都很可能单独体验到焦虑感。焦虑是大脑预警系统的一个功能，所以，即使没有其他感受，它也可以独立存在。有时，可能我们还在开心着，比方说在聚会上，然后某件事或某个人威胁到我们，就会令我们突然非常焦虑。焦虑和威胁有关。

但是如果你常常感到悲伤，就等于推开了焦虑的大门；而常常感受到焦虑，也会推开悲伤的大门。原因很简单，焦虑就像一副重担压在身上，会让人悲伤，用悲伤的眼睛去看世界，就会更加焦虑，其中的联系显而易见。

所以，"减少焦虑，就会减少悲伤"，这看似很简单，但实际并没有那么简单。有时候为了减少悲伤，得先增加焦虑。这就是莎莉的处境。

莎莉的表达能力没有问题。在日常工作中，她能准确地给下属传达指令，完成工作，但是在与丈夫、孩子、年迈的父母、兄弟姐妹还有家里其他人相处时，她很难说出自己的真实想法。和他们在一起时，她说的都是开心、乐观、不带指责的、没有威胁性的话……但她感觉自己不被尊重。

这肯定让她难过了。我们想了一个办法：把其中一个咨询目标，即减少焦虑，转变为充分的自我表达，即使这样做会让她更焦虑。这个办法简直让治疗柳暗花明。我们特地挑选了"改造厨房"这一视觉化想象练习——我请她去努力练习对丈夫说出自己的真实想法，并花了好几个星期来做演练和准备。

最后，她真的和丈夫当面对峙了起来。这场对话跟她预料的一样糟糕，但是她说出了自己的真实想法，这一点是最重要的。尽管她和丈夫发生的冲突让她更焦虑，但同时她的焦虑也少了一点，因为她看到，在真实地表达自己之后，她并无大碍。同时感到焦虑既增加又减少，这是非常符合人性的。你也许会笑起来：一个人怎么可能同时感到焦虑既多了又少了？但是莎莉做到了。最重要的是，她的悲伤也少了，她感到相当振奋……并且已经做好准备，要更多地表达自己了。

做某些事情可能会令你增加焦虑感（至少在最开始的时候），但是做了以后，你就会释放悲伤。你有这样的事要去做吗？我们来想象一下。请你走进自己的心房，按下电灯开关，同时也打开冷静开关，让自己感到一阵轻松。打开一扇窗，让夏天的微风轻轻吹进来。看一眼"压力阀"上的压力表，你的压力水平怎么样？在上升？那就打开阀门，把压力释放一下，听听压力释放时发出的"嘶嘶"声。

请你坐在安乐椅上，想想自己可以做些什么来释放悲伤。如果这个问题使你更焦虑，就从"出口"走出去，到河边散散步。当你走近鸟儿、蜜蜂和花丛时，尽量保持思考，然后回到心房，开始想象，想象自己正在做某件事去释放悲伤。也许是真实地表达自己，也许是真心地给生活竖个大拇指，也许是对付那个专门搞破坏的小人，请你在想象的同时保持稳定。

当你这样做、这样生活的时候，你能看到自己和自己的居家模式正在发生怎样的变化和改善吗？

视觉化想象 想象自己正在创造一个舒适的环境，以便更轻松地去思考一件你原本不想去思考的事情，然后，请想象自己思考对策并采取行动。

思考与写作 关于居家模式，你学到了什么？你对"居家模式"是怎么理解的？花点时间思考一下吧。

第二十九章
愤怒的比尔

你正在翻新自己的心房，让它更符合自己的脾性，令你更高产，也让它对你更体贴，通过翻新它，你将变得更有自我意识。很多人终其一生都无法理解自己的真实感受，也不理解自身行为背后的真正动机。举个例子：一个人完全有可能在没有感受到悲伤的情况下，悲伤地过完一生。这听上去像个悖论，是不是？它像一个文字游戏、一个谜语，或者根本就是胡说，但请你还是想一想这个问题。

我做心理治疗师的时候，有一位来访者叫比尔，他曾在陆军服役。比尔强壮、坚强，这是他的优势。他白天当保安，晚上在重金属乐队打鼓。他来找我，是因为他被贴上了一个标签：创伤后应激障碍。

"你去过伊拉克？"我问他。

"去过，去了两次。"

"那边的经历很可怕？"

"是的。"

"我们再把时间往前推一点，回到高中的时候。那时候你是怎样的？"

"我在足球队，"他说，"跟大家一起踢球，但是我跟谁都合不来。"

"那你开心吗？还是难过？还是别的？"

"我很生气，一直都很生气。"

"生谁的气？"

比尔耸耸肩："我父亲，我恨我父亲。还有我母亲，她还不如父亲。我恨所有人，真的，什么都恨。"

我点点头："我一般会例行问一下，来访者有没有感到悲伤。所以，在成长过程中，你感到悲伤吗？"

比尔皱起眉头："我记忆中没有。"

"没有？"

"你是说抑郁吗？"

"不是，这里说得比较简单，就是开心和不开心。"

"哦，我从来没有开心过。"

我笑了。"嗯，这不一定意味着悲伤，人生不是只有两种可能性。你的感受也可能比较两极，既不悲伤也不快乐。"

比尔想了想："如果你知道我的过去，你会觉得我很易怒，我不开心，也不难过，我是易怒。"

我觉得他还没有说完，过了一会儿我问他："还有吗？"

"生气的背后吗？怎么说呢……如果我能够允许自己悲伤，我会悲伤的。"

"允许？"

"首先是我父亲，但最终是我自己。如果我能够允许自己悲伤，我会非常地悲伤。悲伤不是我想做就能做到的。我可能会生气，这一点是我允许的，甚至会去回味愤怒的感觉，如果这个词没用错的活，但是我不能允许自己悲伤。"

"因为？"

他又耸耸肩："那等于我承认他们伤害了我。我可以恨他们伤害我，但不能承认他们伤害我。"

"是从军的经历伤害了你？"

过了一会儿，他说："是的。"

我点点头："所以，你不悲伤，是因为悲伤是不被你允许的，但如果你有这个权利，你会悲伤吗？"

"会，每时每刻都会。"

我们默默地坐着。

然后我说．"能不能这么说，虽然你从来不悲伤，但你一直又是悲伤的？"

比尔点点头："就是这样的。"

想一想自己的生活，你有过比尔这样的经历吗？你的一些情绪，比如愤怒、无聊、不安、冲动或者其他情绪，有没有可能是因为悲伤没有被允许？也许你生来就悲伤，或者天生对悲伤比较敏感，但是你却从来没有真正体验过这份悲伤，因为悲伤没有被允许。感受悲伤，意味着要承认太多、感受太多。

你想怎样翻新自己的心房，来了解自己呢？允许自己思考、感受情绪和了解自己……这部分的自我以前被你隔离在了意识的高墙之外。想象一下，推倒这堵墙会有用吗？你看过家装改造类节目吗？有些业主会想要一种"开放式"的设计，在老房拆除的时候开心地把墙推倒。"拆墙"对你来说有用吗？想一想吧。

视觉化想象 请想象自己推倒了心房里的一堵墙，大量的新信息蜂拥而入。准备好面对这些信息吧！

思考与写作 在自我认识方面，有没有哪些是你自己应该发现，却还没有发现的？如果有的话……是什么？

第三十章
不健康的居家模式

　　让我们来看看，不健康的居家模式是如何养成并导致心理疾病的。

　　小时候，我有一个同学叫乔，他老喜欢待在自己的世界里，不但如此，他在其他任何地方都觉得不大舒服。乔有着丰富的想象力，喜欢幻想和为自己编织故事，用想象描绘另一个世界，虽然还是个孩子，但他已经对现实世界没有什么兴趣了。对他来说，现实世界里上演着恐怖的情节，可不恐怖的话他又觉得无聊至极，所以，他体验到的现实世界不是恐怖的，就是极度无聊的，于是，他能躲就躲。

　　你能感觉到他的心房是什么样子吗？密闭、幽暗、高墙林立——你仿佛能看到，对吗？

　　乔的妈妈对他百般夸奖，说他是个小天才，注定要去改变世界。爸爸对他则是一再贬低，还使用语言暴力。妈妈虽然很欣赏他，却也没能保护他免受父亲的辱骂，这一点让他很抓狂。为什么妈妈不对他多一点保护，少一点夸奖呢？他觉得妈

129

妈口不对心——如果你真的觉得某人是个天才，命里注定要去改变世界，你一定会去保护他的，对吗？他不相信妈妈的话，也不相信自己有那么大能耐，妈妈的夸奖只会让他自卑。

你能感觉到，在密不透风的心房里，他有多愤怒（甚至狂怒）吗？

与此同时，他又觉得自己很特别。他知道自己编织的故事很美、很生动，漫画也画得很棒，和其他人比起来，他确实有一些在同龄人身上看不到的天赋或火花。慢慢地，他对此习以为常，躲在自己的心房里，对学校或家庭生活关注得越来越少。这间屋子也许黑暗、充满愤怒，但也是他的城堡，他在里面像一个王子，高高在上，累积怨恨，乱发脾气。

可久而久之，他的不安和挫败感也越来越强。他没有朋友、没有娱乐，和外界的接触也很少，孤独度日的他也没有任何东西可以拿出来炫耀。各种幻想和梦魇令他的失眠越来越严重。学校布置的作业也让他感觉很无聊，他完全没有动力，差点荒废学业，考试也都是勉强及格，这更加深了他的怨恨。

你知道乔在心房里是什么感觉了吗？你能体会到他的感受吗？

他越来越无力应对，因为他把自己深深地隐藏起来，而和同龄人互动得太少。他虽然很聪明，却变得越来越优柔寡断，他把自己困在那个幽闭、恐怖的心房里，把一个问题想象成一百万种样子，又从一百万个不同的角度看待一切。当他在笔记本上画满自认为惊艳的漫画、写满诙谐的格言时，他越来越自大；而当他被同龄人嘲笑，被父亲贬低时，他又越来越自卑。他在自己的世界里傲慢自大，在现实世界里渺小、可笑。

乔是一个聪明、敏感、富有创造力的孩子，可他常常被贬低，又常常被逼着要成功。他一边被说成一文不值，一边又被说成天赋过人。他躲在自己的房间和世界里，因为他在现实世界里感到危险，在同龄人面前感到尴尬，也因此他养成了盯着天花板痴迷幻想的习惯。这种居家模式渐渐养成了一种熟悉感，这种熟悉感让人既舒服，同时又非常不舒服。生活在这样一个憋闷的地方，被委屈和怨恨裹挟着，你感觉好吗？

乔的故事必须告一段落了。

我描绘的乔是确有其人，还是纯属虚构？总之，这个故事合情合理，且完全有可能是真实的。希望它能够让大家真正理解"翻新心房"的意义何在。"翻新"不仅是换件家具、装扇窗户、装个阀门和出口……更是利用动态自我调节的力量去改善一直以来的"居家模式"，从而挽救生命、改善生活。

视觉化想象 看一看你的"居家模式"，你觉得自己的模式有哪些特点？

思考与写作 想一想，健康的居家模式和不健康的居家模式之间有哪些区别？描述一下吧。

第三部分
—————
生活小物件

第三十一章
存放"美"的抽屉

在第三部分里，我们要继续天马行空地进行改造和翻新工作。这些工作很有价值，记住，第三部分里每个章节都会提出一个独立的观点和视觉化想象：比如添置一件有用的家具，或者具有象征意义的小物件，每一项都能帮助你改变思维和体验生活的方式。

接下来，我们要想象出一个漂亮、结实的抽屉柜，里面有很多抽屉，你想要几个就有几个。我们会用其中一个抽屉专门放一些纪念品，这些物件能够让你想起自己的诸多美好，并让你远离自我纠缠和自我批评。这是一个存放"美"的抽屉。

在我主持过的所有工作坊里，无论工作坊的主题是什么，我发现有一件事情总是很重要，那就是提醒每一位参加工作坊的人，每个人都有属于自己的美。每个人都有一个一尘不染、完美无瑕的核心，这个核心就是自己的本性。当我们怨天尤人时，我们的所思所想可能离美很远；当我们把人生目标抛在一边，以远低于自己的标准行事时，我们的行为同样离美很远。

我们美好的本性被紧紧地包裹着，而且很难去触及，可每个人都是带着善良、美好来到世界的。

你的核心像金子一样闪闪发光。现在，柜子已经送达，你可以每天打开抽屉，看看自己的核心，提醒自己，你不是狂躁、混乱或绝望的你，也不是在工作中推卸责任的你，你是和每一个行为端正、迎难而上的人分享优秀品德的你。

纪念品有哪些呢？有很多，反正你有一整个抽屉可以放！它可以是一张你四五岁时的照片——那时的你调皮、快乐，正准备到湖里游泳，或者正要切生日蛋糕；它可以是你喜欢的一首诗，它捕捉了生活的辛酸，你亲手把它抄在一页金色的纸上；它也可以是一块代表你自己宝贵核心的大理石。还有什么呢？好多好多呢！

现在，请你用心灵的眼睛看一看自己收藏的精美纪念品，提醒自己：我本珍贵。真的。一切都在激励你成为最好的自己。做正确的事——还有什么比这更重要的呢？

该怎么使用这个抽屉呢？每天早上，你可以像例行公事一样地打开这个抽屉。请你穿上衣服，走进心房，打开抽屉，看一看纪念品，把其中一两个拿出来摸一摸，握在手里，郑重其事地说："我就是生活中的美。"晚些时候，当你做了傻事或者让人失望的事情，再把它拿出来，它会帮助你疗愈自己。临睡前，不要把焦虑和怨恨留在心里，请你也像例行公事一样，打开抽屉，看看自己的纪念品再入睡。与精神上最富有的自己度过一整天，你感觉是不是更充实了？

本章的主题是去认同[①]，这个概念是由意大利心理学家罗伯托·阿瑟朱利（Roberto Assagioli）提出的，阿瑟朱利开创了一个新的心理治疗分支——心理综合法[②]。他解释道："人受自我认同感所支配。有些人从感受里获得自我认同感，有些人从思想里获得自我认同感，有些人从社会角色里获得自我认同感，但是这些都只认同了人格中的一部分。这种认同剥夺了一种自由，让我们无法去享受纯粹的'我'的体验。"

在我心里，"纯粹的你"是一种真正的美，甚至是一种人类文明之美。请打开存放"美"的抽屉，记住这份美，拥抱真我，让美好长存。

---

① 去认同（disidentification）是指个体通过移除自己在某一领域的认同感而重新对"自我"概念或价值观念进行界定的过程。——译者注

② 心理综合法（psychosynthesis）旨在使患者对自己的情感和行为负起责任，与存在主义、人本主义心理治疗有一致之处，也强调个体探索生命意义的重要性，以及自我接纳和自我实现。——译者注

视觉化想象 想象一个抽屉柜，其中一个抽屉放满了专门象征着你的美好的各种小物件，这些小物件能够提醒你：我就是生活中的美。

思考与写作 "你"和你的思想、你的感觉、你的行为之间有何区别？

第三十二章
存放帽子的抽屉

每个人都有一个自我，这个自我是由很多身份组成的。

我既是一个人，也是一位水彩画家，也是新英格兰人，等等。其中大多数身份的采用或选择都是无意识的。这些身份能够说明"我是谁"，以及"我一直以来是谁"。但在生活中我们还有其他身份，比如心理分析师、异乡人，或者退休人员。

身份认同是一个复杂的问题，其复杂程度不亚于心理问题。比如，每一位艺术家都至少有二十几个身份。在他眼里，他可能更多的是一位美化者、一位古典主义者，等等，其中，有些身份会让他感觉舒服，有些则会让他怨恨。慢慢地，他会发现，不管自己喜不喜欢，他都必须接纳某些特定的身份。

如今，从事创作的人都得磨炼出一手营销技能，好为自己的创作成果开山铺路，而且，跟以前的艺术家比起来，当下的创作者们行事也比较公开化。如今，一位音乐家能够声名鹊起，可能是因为写出了优美的歌曲，也可能是因为他能作秀；

他能够被大家喜欢，可能是因为他的才华，也可能是因为他的名气，或者因为他对媒体比对创作更敏锐。

一个聪明、敏感、富有创造力的人不大可能喜欢营销工作，说实话，甚至会厌恶。这就形成了强烈的内在冲突，一方面，艺术家想要创造有价值的艺术，这是他想做的；另一方面，他得不断地去营销推广，这是他必须做的。这里面有很多内耗，但是对于创作人员来说，接受这部分工作，接纳自己不喜欢的身份总比内耗要好，所以我们要做一些实实在在的内部调整。与其为这部分工作所累，不如接受现实：很多工作都是这样——虽然其结果是有意义的，但是做起来却感觉没有意义。这是一种成熟的态度，值得你去培养，为了培养这种态度并提高适应能力，你可以试试下面这个方法。

上一章里，我们说到一个抽屉柜，你可以把其中一个抽屉专门用来放"帽子"，把所有你喜欢戴的帽子，和不得不戴的帽子都放进去，每一顶帽子都代表一个身份。抽屉被塞得满满当当的——里面有哪些帽子呢？有你想在画纸上挥洒灵感时戴的帽子，有你想小心翼翼正确处理所有细枝末节时戴的帽子，有你排练和会见画廊老板时戴的帽子，有为下一份新闻稿撰写营销文案时戴的帽子，有你从抽象表现主义画家变成写实主义画家时戴的帽子，等等。请你在抽屉里塞满帽子，这是一个很直观的提醒：在生活中，我要扮演很多角色，完成很多任务，兼顾很多身份。

这个抽屉该怎么用呢？举个例子。你刚刚写完一本小说，拿给文学经纪人看，你知道该去问问他的看法，但是一直没有行动。这件事就这样一直搁着。表面上，你是在为自费出版还是走传统路线犹豫不决，其实你心里早就知道自己想走传统路线，也知道不能再逃避了，但你还是犹犹豫豫，而且感觉很不好。

有了这个抽屉，我们就可以打开抽屉，戴上一顶自己喜欢的帽子，也许这顶帽子能让你联想到自己在花园里写作，或者正在和姐姐喝茶。戴上这顶帽子，享受这一刻，开心地笑一笑，然后叹口气，说，"现在有请'问询邮件帽子'。"然后到抽屉里找出那顶帽子。请不要贬低它，找的时候也不要皱眉，戴的时候也不要发牢骚，把帽子完完全全撑开，好好戴上，然后，不焦虑也不发脾气，专心写邮件。

在生活中，你必须戴上很多帽子，每一顶帽子都象征着一种挑战，不管是身份认同，还是你从事的创作只能带来微薄的收入。这个抽屉里的很多帽子是为了让你笑一笑，开心一下，可也有很多帽子是为了提醒你，现实生活里还有好多任务在等着你呢。

视觉化想象 想象一个抽屉，里面放满了代表你不同身份的帽子。

思考与写作 把你所有的身份一一列出来，这个清单可以有多长写多长，每个身份都对应一顶帽子，请描述一下这些帽子吧。

第三十三章
雪景球

　　如果你的头脑乱作一团，就很难去思考、计算、创作、冥想、记忆，或者做其他事情。这就好比大脑中出现了一些不必要的想法，把数亿个宝贵的神经元从本来能够从事的有价值的工作中抓走，劫持到别的地方去了。虽然我们的大脑拥有数百亿个神经元，但每一个不需要、不必要的想法都会抢走大量的神经元，剥夺我们的认知资源。

　　如果你正忙着在想：草坪该修剪了、我讨厌上班、今年的年假已经用完了、烤箱该清洗了……那你几乎不可能同时还在思考小说里的情节该怎么处理。如果你的数百亿神经元都在想着别的事，哪儿还有精力留给创作小说？

　　你有很多办法可以去应对这些噪声，并降低它们对你的影响。有些声音需要被静音，有些声音需要被处理，但不是以一种强迫性的方式。正念和冥想是两个比较流行的方法，你也可以试试一些基础的焦虑管理技巧，比如深呼吸；另外，把噪声看成是焦虑的一种表现也是一个很实用的办法。

确实，头脑里会出现各种聒噪和想法，这正是因为心房里弥漫着焦虑，它们在喋喋不休。平静是答案。平静可以制造安宁，在安宁的状态下，你才有可能酝酿出好的想法。你已经有了一个"宁静开关"，希望你一直在用。我们还有一个很实用的视觉化想象练习。

你可以想象出一些漂亮的雪景球，把它放在之前送来的抽屉柜上。当你需要头脑安静下来的时候，可以挑选一个雪景球，摇一摇，让雪花飘落下来，并感觉自己也在慢慢地安定下来，越来越安静，越来越平和。当生活天旋地转，各种想法在内心狂野飞舞，脑海里只有烦人的噪声时，请挑一个雪景球，帮助自己安定下来。

你可以一直用同一个雪景球，也可以把它当成一种收藏品，看到喜欢的就收藏起来。当你在阿尔卑斯山下的圣诞集市看到漂亮的巴伐利亚雪景球时，就可以放一两个在你的心房里。时不时地去收集，这能够让你想起它，想起它的价值，也能够强化认知，让自己知道在头脑混乱时该怎么平静下来。

每次你走进心房以后，可以把摇晃雪景球作为进屋后最先要做的几件事之一。你已经花了不少时间来写小说、开发App，或者创作交响乐，虽然很焦虑，但还是想办法让自己走进了心房。你打开"宁静开关"，径直走向抽屉柜，在雪景球堆里选出一个，用力摇一摇，当里面的雪花纷纷落下，你感觉自己也随之安定下来。这是不是一个可爱的仪式？

现在就来试一试吧，想象出一个雪景球。你会选择什么样的场景呢？是典雅的阿尔卑斯山？还是埃菲尔铁塔？抑或是温暖的圣诞壁炉？或者它和你从事的创作有关：如果你是作曲家，那就是交响乐团；如果你是天文学家，那就是星空。做一个雪景球，摇一摇，当雪花飘落下来，你感觉自己变得安静、平和。

如果你不喜欢刚刚做好的那个，那就再做一个。还有什么比这更简单的？你写过的书、元素周期表里的元素、你去过的任何地方都可以作为素材，林林总总，各式各样，反正又不花一分钱，也许它们还能证明你在想象方面的天赋呢！

视觉化想象 请想象摇晃雪景球成了让你平静下来的主要方式。

思考与写作 我们应该想象一个雪景球，还是给自己买一个雪景球？想象和实际行动各有哪些利弊？请思考一下吧。

第三十四章
马克杯

每天早上，我都会享受这个过程：走进厨房，打开碗柜，选出当天要用的咖啡杯。我有五六个常用的，还有很多备选。目前六个常用的杯子分别代表巴黎、伦敦、布拉格、纽约、罗马和柏林。巴黎杯上印着巴黎的地铁系统，布拉格杯的特色则是著名的查理大桥，纽约杯上有很多咖啡图案，能让我想起自己十几岁时在纽约西村经常光顾的咖啡馆。

除了喝咖啡，这些杯子还有什么用处呢？它能让我想到自己一直以来信奉的观念，还能提醒我铭记自己的责任。这些咖啡杯的用处可多了！你也一样，将它们与自己的信念连接，可以让你少一些隔绝感和孤独感，并更好地保持动力。你可以把马克杯设计成自己喜欢的样式。你既可以把杯子放在现实里，放在碗柜里，也可以只是一种想象，被放在你自己的心房里。

每个有创造力的人都渴望独处，但在这种独处中，你可能会慢慢地产生孤独感和疏离感。待在心房的时光里你可能会从享受其中滑落到难以忍受。如果你发现自己在暗自思忖"我好孤单",请径直走向那些马克杯,告诉自己"我并不孤单,我走的是许多前人已经走过的路"。请告诉自己"一路上,我有很多从未谋面的朋友"。用杯子象征自己的重要信念,既能令你得到安慰,又能让你在心里享受这份友谊。

哪些信念对你来说很重要呢?也许你感觉自己是某种悠久传统的一部分;也许你感觉自己和柏拉图、亚里士多德、苏格拉底、德谟克利特等古希腊哲学家的联结超越了当今任何思想家;也许某些艺术家的人生能够点燃你的想象力、打动你的心。如果你感觉到这种联结,就做一个杯子来庆祝自己的感觉吧。

当你每天早晨醒来,走进心房,请看看自己收集的杯子,为当天选一个。当你在自己的工作室或者实验室里时,你也许感觉自己像深空里的星星一样孤独,但你也和所有对爵士乐、短篇小说或者抽象数学有着并且有过同样感受的灵魂相连接。记得要定期收集,这没有成本,也不占任何空间!

当然,一个咖啡杯并不能代替实际生活中的人际接触。你还是会渴望用真实的拥抱和亲吻,用亲密关系中的眼泪和伤痕来铭记自己的信念。不过,只要你拥有信念,你就会发现自己并不孤单。你社交圈中的所有人正如你一样有自己的缺点和阴影，但他们和你一样在各自的领域同样辛勤耕耘，对于热爱——对小说的热爱、对思想的热爱、对爵士乐的热爱……他们和你都有过，而且你们至今依然保持着坚定的信念。

做一个咖啡杯庆祝自己所信奉的一切，这样你就会少一些孤单。

视觉化想象 想象自己收集了很多咖啡杯，每天早上为自己选一个杯子，这种仪式能让你与自己的思维和创作观联系起来。

思考与写作 想一想，"每天，让世界变更好"这句话能让你有共鸣吗？

第三十五章
人生目标盘

　　我们很容易就会怀疑自己，怀疑自己的努力是不是真的有意义。为什么要花这么多时间、汗水和血泪来创作一首诗？为什么要把所有的脑细胞都奉献给弦理论呢？为什么要把自己的一生都贡献给文学批评呢？

　　失去目标，感到人生越来越没有意义，这是一个常见的问题。最好的解决办法是：提醒自己（可能也是第一次跟自己解释），不要误以为人生只有一个"意义"或者"目标"。相反，你更应该支持另一种观点：你可以而且必须有很多个人生目标，如果你并不认同当前的目标，就奔赴另一个目标吧。

　　如果写诗对今天的你来说没有特别的意义，你可以去拥抱另一个人生目标——比如家庭，和女儿一起逛逛动物园；或者"服务"，在收容所里做志愿者；或者"实干"，为自己的事业做一些实实在在的努力；抑或其他可选、能选的目标。明天，你可以再回到你的诗歌、弦理论、文学批评中，看看自己有没有感觉好一点，你的枯燥感和无意义感会不会少一点。

也许真的会，因为你休了个假，去追求了另一个有意义的人生目标。

你可以想象出一套盘子，这套盘子象征着你的人生目标，能提醒你怎样保持意义感。请把这些盘子放在心房的碗柜里，在你吃点心（进行思考）的时候拿出来。现在，花时间想一想，你想吃点什么，也就是说，花时间列一张菜单，在这张菜单上列出你所有的人生目标，包括重要的事项，比如创作、家庭、服务等，以及重要的状态，比如冷静、热情或真实。你的人生目标既可以是"健康""为孩子发声""支持另一半的事业"，也可以是"推动进化论向前发展"。快去列出你的菜单吧。

比方说，你开始觉得写诗没有意义了，那就请你走进心房，走到刚刚安装好的碗柜前，拿出这套盘子——八个、十个或者十二个，它们囊括了你所有的人生目标。

接下来，请你把盘子一个个放在桌上，每个盘子上面都有你亲笔写的一个人生目标。点心很快就要上桌了，挑一个盘子吧，也许你会选择"实干盘"，或者是"推理小说创作盘"，或者是"事业盘""友谊盘""冷静盘""热情盘"。请挑一个盘子，拿出一些银制餐具，来一道点心，这道点心叫作"创造意义"。

拿出你的烤饼、黄油和果酱，在你选好的盘子上做一份可爱的点心。你可以一边吃，一边幻想你今天打算如何实现某个目标。你会带女儿去动物园吗？唔，也许天气太冷了。那你可以带她去参观艺术博物馆吗？也许会很有意思！你可以教她不带成见地绘画，用画笔表达自己的声音。这几个小时会很有趣！吃完了点心就出发吧，带着她，把想象变成现实。

我们很容易就会忘记或者永远都不知道，自己可以有很多人生目标。这套盘子里，每一只都装点着不同的人生目标，它既是重要的提醒，也能从存在主义角度帮助你保持心理健康。要是你不小心打破了一个，就打个响指，变个新的吧！

视觉化想象 想象一组盘子，用这些盘子提醒自己，你可以有很多人生目标，列出自己的目标，去致敬、去实现。

思考与写作 如果你还没有想象过的话，不妨先为自己的人生目标列个清单或者"菜单"。

第三十六章
摆上另一个鞋架

回想一下，你心房的柜子里放着你的紧身衣，还挂着厚厚的外套，现在，你还可以在里面放一个鞋架，摆上各式各样的鞋子，但不是你的鞋，而是别人的。在工作中，你得和形形色色的人沟通，比方说，你是一位作家，那么你就得和编辑、文学经纪人，或者营销人员打交道。这些鞋子能够帮助你激发同理心。

同理心是发展心理学中的一个术语。如果父母能够发自内心地去回应孩子的需求，孩子就有可能发展出对他人的同理心。但是成百上千的人（甚至可能是大多数人），并没有这么幸运，因此，他们在成年后不断地陷入人际关系困难，乃至终生受困于关系。正因为如此，疗愈这些伤口（如果我们自己也曾经受伤过），并下决心好好对待身边的人，是我们每一个人的责任。

同理心是理解他人想法和感受的能力和意愿。每个人的内心都有这种能力，但是很多人触及不到，而且往往不愿意去触及。如果说这种能力会带来什么麻烦，那就是它可以在突然之间让周围人变得真实。

为什么同理心那么重要呢？假设你是一个有创造力的人，想投身某项艺术事业，如果你没有真正"了解"市场里相关人员的想法和感受，就很难和他沟通，或者推销你的作品。你越了解他人，你成功的机会就越大。

举个例子。你卖了一本书给编辑，作品问世后，你提出了关于第二本书的想法，他拒绝了。如果你只看到了表面，而对他的想法和感受或者他的世界正在发生什么丝毫不感兴趣，那么你得到的就只是一个"不"字。相反，如果你能够理解他作为一个人以及作为一个编辑的想法和感受，那么你至少有可能得到更多的信息。

这里，同理心意味着理解这位编辑的实际处境，这包括两层不同的含义：理解他作为一个人，也理解他在出版社里所担任的角色。作为一个人，他是不是喜欢仓促做决定，而在有理有据的情况下，他是否又愿意再考虑一下？作为编辑，他是不是得向很多人解释自己为什么要做出这个决定？他是不是需要把自己武装起来，也就是需要你为他提供大量的"弹药"？如果你不知道这些，就不会知道在他提议时，你该给他提供多少弹药，或者在他说"不"之后，该怎么帮助他改变主意。

在这个特殊的语境里，"同理心"的反义词不是"冷漠"，而是"误解"。不了解对方的处境，就证明你没有去理解他。比方说，你给编辑发了一封电子邮件，但他没有在24小时内回复，如果你觉得他这是在针对你，那么你大概率是误解他了。要是你发送的内容需要他思考，那么他就需要时间来思考。

大多数创作人员很容易产生这样的误解，主要原因有两个：一是他们没有充分的机会和行业里的人打交道，所以，对于他们是什么样的人、他们的行事风格，以及他们的世界没有清晰的认识；二是因为这些人太重要了，所以创作者们很焦虑，没办法搞清楚这些行家里手究竟是什么样的人。你该怎么办呢？请看下面。

或许"他"被崇拜过、被妖魔化过、被附加了各种幻想……但是你很少真正思考过他是一个什么样的人。当你不得不和"他"打交道时，请走进你的心房，走到柜子门口，穿上"他"的鞋子，感受一下这鞋子有多挤脚，给自己一个机会，去弄清楚关于他的一切。

视觉化想象 想象一个鞋架，上面放满了别人的鞋子，有你必须要打交道的人，也有你爱的人。当你想要了解一个人，穿上他的鞋子，体验一下穿着这双鞋子是什么感觉。

思考与写作 你有多少兴趣去了解其他人？很多？一点点？完全没有？

第三十七章
存放能量棒的抽屉

很多人有着显而易见的能力，却没有把这份能力转化为自信心。他们说着"这个我不能做""那个要是做了就不是我了""我就不该去尝试那件事"，等等。

结果，他们碌碌无为，甚至干脆放弃了自己的梦想。他们没有写小说、没有创业，也没有推动物理学向前发展，即便他们很多事情都做得很好，但那些都不是最重要的事情。多可怕！让我们来为此创造一个视觉化想象吧。

你可以在心房里储备充足的能量棒，每根能量棒都可以提供大量能量，并立刻让你恢复信心。请把这些能量棒添加到你心灵的"兵器库里"！在你的抽屉柜里垫一些图案精美的纸，然后把各种各样的能量棒放进去。你可以选择自己喜欢的口味：花生巧克力，还是燕麦、葡萄干加核桃？又硬又脆，还是又软又有嚼劲？自己决定吧！

你还可以自己设计包装纸，为你的信心建立一个品牌。你想管这些能量棒叫什么？可能是"超快提升自信心"，或者是

"我绝对能做到"。想象一下自己在设计商标，选择颜色、图案，并生产一大批能够提升信心的能量棒，它们不仅好吃而且好看，就像有着漂亮标签的美酒，或有着精美礼盒包装的巧克力。快去打造你的"产品"，把抽屉塞满吧！

该怎么使用这些能量棒呢？假设你一直梦想着做某一项互联网业务，你梦想着自己做得风生水起，赚得盆满钵满，到时候，你可以想去哪里就去哪里，还能环游世界。你知道有些人就是这么做的，你也知道自己精明能干、足智多谋，而唯一的阻碍是……究竟是什么呢？是什么在阻碍你追求自己的梦想呢？

好吧，有很多。可能你还没有想好自己究竟要做什么业务。诱惑层出不穷，似乎每个业务都保证能让你轻而易举就在网上赚个几百万——但你却对此望而却步。原因包括创业所需的人员工资，再说，自己既没有时间和精力，也没有技术和人脉！所以你把梦想放在一边，一天又一天，一年又一年。

你很清楚，这一切归根结底在于自己缺乏胆识、信心不足。

请拿出你的信心能量棒！不要因为信心不足而放弃梦想。不要因为自己的想法出格、遥不可及就举手投降，相反，去抓一根信心能量棒。请走进你的心房，打开存放能量棒的抽屉，进行一次小小的检阅仪式——香槟黑巧、海盐焦糖、蓝莓燕麦——选一根自己喜欢的。

慢慢拆开包装纸，咬一口，尝尝味道。感觉自己的信心是不是又回来了？请感受这份助力，利用这股能量，推动自己为梦想行动起来。也许它只是散个步，呼吸一下新鲜空气，在思想中漫游；也许是列个清单；也许是上网看看别人的成功经验。如果你感觉信心减退，那就再来一根！它不含卡路里，随便吃，不会让人长胖！

让我们失去信心的，是头脑。我们的膝盖会弯曲，喉咙会发紧，而思维削弱了器官原本具备的能力。让我们重拾信心的，也是头脑。我们可以对自己说一些支持性的话语，比方说："我心里已经构思了一本优秀的小说，我要把它写出来。"或者是："我要成功开展线上业务，然后展翅高飞！"如果感觉信心在减退，你知道该怎么办：直接打开那个标着"吃掉我"的抽屉，为自己抓一根能量棒。

视觉化想象 想象一个抽屉，里面都是能够让你提升信心的能量棒。

思考与写作 如果你对自己有更多的信心，你会开展什么项目？写出这个项目的名字并描述内容吧。

第三十八章
选择桌

对我的客户们而言，他们不仅头脑里想着很多项目，手头上也有很多项目正在进行。你可能也一样，必须同时进行好几个既有价值又很重要的项目。

比如，一位独立电影制作人需要为一部电影进行后期制作，同时要为另一部电影筹集资金，他还有一部电影要参加电影节，另有几部电影正在酝酿中。一位神经科学家要写一本关于心灵的畅销书和一本自己专业领域的教科书，另有好几篇期刊论文，同时他还要为自己的假设做实验。事情太多往往导致了这样那样的不幸。

选择太多时，创作人员很容易就会举手投降，他们宣称自己受不了了，于是干脆什么也不做。几个月甚至几年就这样过去了。实际上，每天，他们都知道自己应该做些什么，他们总得做些什么；每天，他们都为自己没有做出选择和行动感到难过、失望。各种选择多如牛毛，让人千头万绪，望而生畏，哪怕感觉自己成天无所事事，他们也要逃避工作。

或者为了减少对选择的焦虑，他们可能会选择其中一个项目，沉溺其中，对其他项目视而不见。虽然他很确定自己应该把已经完成的电影提交电影节，对另一部电影进行后期制作，而不是把所有精力都放在这部八字还没一撇的电影上面，但是这部电影让他着迷，他会为自己的痴迷辩护，比如"我的大脑一次只能处理好一件事"。同时，他也知道，这对于已经完成的电影和即将完成的电影是不公平的。

选择太多还会导致其他负面结果。可写的文章太多，无法做出选择，这可能会让一位准教授永远地错失自己梦寐以求的教授头衔；可选的照片太多，一个平面设计师可能会把所有时间都花在客户服务上，而不去开拓业务。选择太多让人痛苦，其导致的负面结果不胜枚举。那么人们该怎么办呢？

可以试试在心房里放一张桌子，这张桌子看起来像一张绘图桌、一张清理得干干净净的办公桌、一张古董牌桌，或者任何足以容纳所有选项的桌子。当你被选择所累，感觉自己要投降，干脆什么也不选的时候，对自己说，试试"选择桌"吧。径直走到这张桌子旁边，把所有的选项都列出来，然后做选择。

电影制作人会列出已经完成的电影、快要完成的电影、还在酝酿中的电影，还有他对未来几部电影的想法，然后他可能会说"不错，还有吗"或者"那好，今晚我该选择哪一个呢"，或者说点别的，好让自己知道这个选择不是永久性的，即这个选择只针对今天，甚至只针对接下来的一个小时或二十分钟。选择，然后行动。

也许他会上网，把已经完成的电影提交电影节，不管这个过程有多么乏味；也许他会联系作曲家，请他为即将完成的电影进行配乐，并约定交稿时间，不管写这封电子邮件会令他感觉多么困难；也许他会让自己开心一下，想想新点子。因为他知道这些只是暂时性的选择，所以，他不会担心自己是在不务正业，也不担心这样做会消耗自己。

请用这张"选择桌"在自己和选择之间建立一种新的关系，这种关系既强大又轻松。这张桌子可以成为你心房里最重要的家具之一。也许，在使用之前，你可以先用雪景球让自己平静下来，或者用壁炉温暖一下自己的双手，感受一下激情被点燃的感觉。你可以创建一个仪式，每当自己需要做选择时，就重复这个仪式：燃烧的壁炉、雪景球、"选择桌"。养成这个好习惯后，面对选择时你就不会再望而却步。

如果你现在就需要做选择，马上试试这张新桌子，做出选择吧。

视觉化想象 想象一张"选择桌"，在上面列出所有的选项，然后做出选择。

思考与写作 当有很多潜在项目可供选择的时候，你一般会怎么做？

第三十九章
意识之屏

在你舒服的安乐椅对面，我们可以安装一块大屏幕，你可以用这块屏幕来观察自己目前的工作状态，也可以观察自己如何改善自己的状态。

作家、画家、作曲家，和其他创作人员都有一个常见的问题：这些创造力丰富的人往往刚开始工作不久就停下了。刚开始工作二十分钟或者半小时，他们就开始感觉焦虑、困惑，或者挫败，然后就放弃了。也许是某些杂念让他们逃走了，比如"真不知道自己在干些什么"。也许是某些恐惧把他们吓跑了，比如害怕自己的创作不够出彩，没有人会喜欢，或者永远也卖不掉。也许是外界让他分心了——一辆卡车隆隆驶过，打断了他如痴如醉的工作状态，让他突然不想再继续了。不管是什么原因，他们的节奏一旦被打破，工作也结束了。

想象一下，这也许也是你的问题。请想象自己坐在安乐椅上，前面是温暖的壁炉，壁炉上面有一块大屏幕，你可以从屏幕里看到自己既滑稽又反常的姿态。你沮丧地摇摇头，惊叹道："哇，我真的这么容易就放弃了吗？我不会再那样了！"
也许你会想到一些简单、绝妙的解决办法，比如，你也许会对
自己说："我可以站起来伸个懒腰，而不是逃跑，我可以伸伸
腿，呼吸一下新鲜空气，就回去工作了！"

这一切都可以发生在你的心房里，其美妙之处在于，你不
仅可以从中看到自己的姿态，还可以看到自己的决定以及所有
可能发生的转变。现在，一丝邪念正一闪而过，但你看到的不
是自己正在逃跑，你正平静地坐在那里，伸了个懒腰，走动了
一下，然后——甚至可能是面带微笑地——继续创作。这一幕
很可爱，而且看上去合情合理，不是吗？

再举一个例子，假设你想彻底改变自己上班时的午休模
式。你会先观察自己平时午休时的状态：你不停地查看电子邮
件，拿起手机，这里弄弄，那里弄弄。现在，请播放你理想中
的午休时光：你站起来，大步走出办公室，走过两个街区，
直奔公园。阳光普照，你一边画画，一边吃寿司（配上腌姜和
芥末），二十分钟过去了，你漫步往回走，被迷人的光线吸引
了。当你在这块屏幕上看到这一幕，会不会更容易让自己改变
午休模式的梦想成真？

你可以在短短几秒钟里看到自己的一天。比如，你决定
接下来几个月的每个星期六都全身心地投入创作，从早上5点

一直画到下午2点。通过这块屏幕，你可以看到自己过得怎么样。也许你会发现，才八点钟自己就吃不消了。那该怎么办呢？也许这时候你最应该做的是吃点早餐，休息休息。那么，请你就在大屏幕上再播放这一幕：看着自己在八点钟的时候吃早餐。

接着，你看到自己在厨房的桌子边徘徊，你把大把的时间都花在用手机上网了。那就请你换个画面。让自己喝完第二杯咖啡后便立刻起身，免得又喝上第三杯。好！你回来工作了。然后，你会看到什么？也许下一个挑战会在十一点左右出现，这时候，也许你已经极度疲劳了。该怎么办呢？啊，洗个热水澡就好了！你洗了个澡，又回去工作了。马上就要一点钟了。你不知道自己还能不能继续下去。那么，工作到一点钟也许就是你的极限了。那就收工，为自己庆祝一下吧！

请用这块屏幕来播放自己正在做什么，也播放自己应该做什么。看看自己目前是怎么和画廊老板互动的，也看看自己希望怎么和他互动；看着自己逃避完成一幅画，也看着自己努力完成这幅画；看着自己漫不经心地接受采访，也看着自己在采访中表现得更出色。这是一块"意识之屏"，你可以从这块屏幕里看清自己的现状，并想象一个更好自己——当你在屏幕上看到全新的自己的时候，你会微笑，你会鼓掌。

视觉化想象 想象自己坐在安乐椅上，对面的墙上有一块大屏幕，你可以从屏幕里看到自己当前的状态，也可以看到自己希望的理想状态。

思考与写作 想象一下，你是一位纪录片制作人，正在制作一部纪录片，叫作《我的未来》，你希望这部影片呈现哪些内容呢？

第四十章
排练镜

刚才，我们安装了一块大屏幕，现在，我们要把这块大屏幕换成一面镜子，请你用这面镜子来练习表达。这可能是你在心房里最难做到的事之一，但是它极其重要。

大多数人很难去描述自己能给他人带来什么，或者大力宣传自己的工作成果，对于教练、画家、瑜伽老师，还有其他许多自由职业者来说都是这样。这一困难降低了他在市场中吸引眼球的机会，不管其产品是心理辅导、风景画作品还是瑜伽课程。

你可以用心房的镜子来排练自己的话术，帮助自己减少恐惧，并减少对社交和表现自己的焦虑，这可以显著提高你的自信心，提升你的推广技能。

这面镜子该怎么用呢？比如，你是一位艺术摄影师，喜欢创作以死亡为题材的照片。在上一组系列摄影作品里，你拍摄了被转运到山区空地的动物尸体（都是在山路上被轧死的动物）。这组照片很有冲击力，但也让人难受，所以很难被推广。也许你的照片很棒，但是很少有人会买，那么，你（而不是其他人）就得打磨销售话术，而这面镜子可以帮助你完成这项工作。

与其抱怨"这些庸俗的人，根本不懂艺术"，或者固执地重复"我的照片已经说明了一切"，不如走进自己的心房，先用雪景球让自己平静下来，或者用马克杯来提醒你自己信奉的价值观，然后喃喃自语："我该如何组织语言来宣传这些优秀的照片呢？"

也许你突然想到一句话："野外没有意外。"有意思。这能行吗？你对着镜子重复："野外没有意外。"你发现自己不仅喜欢这句话，而且感觉这组照片对你来说更有意义了。现在，你可以使用强大的语言来挖掘意义，这使你有了新的营销动机。

简短、清晰、不拖泥带水的表达方式会让我们感觉自己更强大、更自信。如果你当前的沟通模式是长篇大论、拖泥带水，充满了道歉、放弃和软弱，那就必须学着改变，让自己更简洁、更有力。请你在心房的镜子前，练习干脆利落地表达自己。

比如，和画廊老板见面前，你可能会练习说："我有一大批忠实的粉丝。"和朋友聊天前（这是一个喜欢滔滔不绝的人），你可能会练习说："我今天还得画画呢。"你的创作没有多少收益，在和另一半讨论自己坚持创作的打算之前，你可能会练习说："我今年会赚钱的。"要是他（她）翻白眼，回答说："哦？真的吗？你怎么赚钱？"你可能会用刚刚练好的话说："努力去做，凡事都有可能。"

同样，当你需要对自己说出真实感受的时候，你也可以用这面镜子来练习。它可以让你放下防备，看着自己的眼睛，说："我真的很难过。"也许你很难去承认这一点，因为这会让你想起生活中所有的不如意，想到上班的枯燥、创作的失意，以及长久以来在人生目的和意义方面的挣扎。在这里，在心房的镜子前，请你勇敢地承认、叹气并自问："镜子，镜子，我该怎么办？"也许，你会从最有智慧的自己那里得到一些神奇的建议。

在心房里放一面镜子吧，学着勇敢地面对它。这个练习并不容易，因为每个人天生都有防备心理，人们对新习惯都会有抵触情绪，但是它的结果——包括更好地宣传自己的创作成果、提升自信、掌握更强大的沟通模式——能证明这些努力是值得的。

视觉化想象 想象一面镜子，请利用这面镜子来练习清晰、有力、勇敢地表达真实的自己。

思考与写作 有哪些"话术"是你应该多多演练的？

第四十一章
水晶球

现在做不好某些事情，并不代表你以后不能做好。请在心房里再放一个水晶球吧，用它来看看自己的进步和成功。这真的很有用！

我来说说自己的经历吧。有一年冬天，北卡罗来纳大学艺术学院里刚刚建成一座漂亮的剧院。一天晚上，我去这座剧院做演讲，准备和几百位听众聊聊有关创作的话题。这种演讲我已经很熟悉了，为了迎合听众，我会改个标题，但是演讲内容是一样的。只要主持人一说"开始"，我立马就能开始，而且能准时结束。有一次，我在印第安纳州给策展人做演讲，我留给大会主席印象最深的一件事是，（除了讲话的内容）我结束得很准时！

现在我演讲时已经不需要稿纸了（不过为了防止大脑突然之间一片空白，我会在手边放一张纸，写几个大标题）。这跟我早些年给自己的第一本书做宣传时比起来简直是天壤之别。1992年，我在旧金山里士满的青苹果书店（Green Apple

Books）做演讲，这家书店旁边有家中国菜市场和一家俄罗斯面包店。我当时自己都不知道自己在说什么，我并不是没有做准备——我肯定是准备过的——但是我说得天花乱坠，让大家听得云里雾里的。

我当时宣传的那本书叫作《在艺术中保持理性》（*Staying Save in the Arts*）。在演讲里，我没有讲述书里写了什么，或者简单地读一下书里的内容（很多作家做巡回演讲时就是这么做的），我的演讲稿既有点像政治演说，也有点像学术论文，题目叫作"艺术家同胞们"。我希望自己的演讲有号召力，"我有一个梦想，有一天，艺术家可以……"。这个演讲可能更适合在华盛顿购物中心进行，面向艺术家。但当时书店里只有一小群人，他们可能刚买好豌豆和面包，从克莱门特街走出来，我的演讲对他们来讲简直就是无聊又奇怪。为了活跃气氛，我开始读书里的内容，我读得很慢（为了让人感觉有力量），很轻（因为我说话本来就比较轻柔）。然后（不可避免地），慢慢地，人都走掉了。

最后，我迷迷糊糊地走回家，不过，我一点都不气馁。我脑子里想的是："我怎么样才能做得更好？"我花了一段时间——好几年——才把这个问题想清楚，不过我知道，"艺术家同胞们"这个主题不能再讲了，而且，我确实进步了很多！

20世纪60年代早期，鲍勃·迪伦也曾有一段进步神速时光，在1961年的年头与年尾，他简直判若两人。不管是演奏、歌曲还是音色上（可能你觉得这方面不可能会有很大的提升空间），他都有了质的飞跃。1月时，他还不是那个鲍勃·迪伦，到了12月，他才变成了那个我们熟知的他。

我也进步了很多。从青苹果书店到北卡罗来纳艺术学院，走过了十几个年头，跨越了五千公里。在所谓的学习曲线里，这是一段非线性距离。我学会了在公开场合做演讲，重要的是，你也可以期待自己有所进步，心房里的水晶球可以帮助你看到那个突飞猛进、功成名就的自己。

如果1992年的那个晚上，你也在青苹果书店，我挺同情你的。你可能永远也想不到，那个呆板、乏味的家伙有一天能口若悬河、讲得头头是道。你也会和我一样，一年后，你可能会为自己的第一本书做推广，在演讲和采访时表现得一团糟；两年后，你为第二本书做推广，但是你已经改头换面，感觉自己简直就像肯尼迪在柏林演讲一样。你的任务不是一次就把事情做好，而是在错误中学习，在学习中提升。你可以用这个水晶球来提醒你"我完全可以做得更好"。

那么，你应该把它放在哪里呢？到你的心房里转转，给它找个"上上座"吧。

视觉化想象 想象一个水晶球，你可以用它看到自己将来的进步和成功。

思考与写作 你相信自己可以做得更好吗？围绕这个话题写写吧。

第四十二章
希望箱子

伟大的法国小说家和存在主义作家阿尔伯特·加缪（Albert Camus）在著名的西西弗斯脸上描画出了胜利的微笑，不过，他并没有描绘出生活里真实的一面。西西弗斯被诸神惩罚，推巨石上山，不断重复，永无止境，但是面对困境，他依然微笑。在现实生活里，当希望破灭，人们很少能保持微笑。

希望没有了，人们的心理健康便危在旦夕。关于这个问题，存在主义思想家们给出了两个回答：第一，桀骜不驯地藐视存在性事实；第二，就算希望很渺茫，也依然继续抱有希望。

这时，为了保住希望你可以试试在心房里做一个"希望箱子"。在这里，请你问问自己："我还能盼望些什么？"你在里面东翻翻、西找找，祈祷会找到点儿能让你感觉值得的东西。你可能会发现这些事实。

● 你还可以希望去爱。

● 你还可以希望能享受一点"小确幸"。

● 你还可以希望自己能坚持原则，让这个世界有所变化。

● 你还可以希望和不理智战斗。

● 你还可以希望能为生命创造一点美。

● 你还可以希望自己的努力能为他人带来一丝安慰。

请问问自己："我是不是已经失去了希望？"请真诚地回答这个问题。如果你发现答案是消极的，就直接走进自己的心房，做一个"希望箱子"，在里面堆满"希望徽章"吧。箱子里需要有哪些东西呢？照片？语录？回忆？预言？樱桃树皮？微型粒子加速器？不管是大的还是小的，昙花一现的还是坚实无比的——只要是你需要的都可以。这是属于你的"希望箱子"，你可以根据你的需要往里面放东西。

和这些徽章待一会儿。希望会破灭，而你有责任去重新点燃它。把"希望箱子"装满，在希望破灭或者即将破灭的时候打开它，去重燃希望吧。

视觉化想象 想象一个希望箱子，你可以用它来保持希望。

思考与写作 你还能希望些什么？围绕这个问题写一写吧。

第四十三章
绝望的玛丽

有时，充满创造力的生活也会给人带来一些特殊的挑战。让我们花些时间思考一下这个问题吧。

如果你天生就喜欢创新，却没有达到自己的预期，或者没有获得多大的成就，你会难过吗？如果你生来就热爱文字、图像、音乐或舞蹈，天生渴望表达自己，并通过创作来创造意义，但你却没有创作或表演的机会，你会难过吗？

同样地，你理解医学和摄影具有不同的价值，但你更喜欢摄影而不是医学，你会不会为自己学医的选择而难过？你琴艺精湛，堪与大师比肩，但全世界只有极少数工作能够满足你的渴望，如果你没能找到这份实属罕见的工作，你会不会因此而郁闷？

这样的问题还有很多，重点是，如果你天生就是一个富有创造力的人，当你走上这条人生道路时，就会发现自己面临着很多特殊的挑战。玛丽就是这样。玛丽是我做心理治疗师时接待的一位来访者，她要和很多挑战做斗争——尤其是悲伤。

她是这样描述的："我觉得一切都让我抑郁。我想陪伴我的丈夫，但是我真的更喜欢独处。每次我抽出时间写作，又会讨厌自己写出来的东西。出版业的现状也让我感到悲观，因为只有千分之一或者百万分之一的作家能够赚到养家糊口的钱。还有，我发现自己一直在吃垃圾食品，另外，我讨厌住在美国中部。所有事情都让我郁闷！"

由于富有创造力，玛丽很有可能生来就注定要悲伤，生活里发生的种种经历也确实让她难过。当然，她用"抑郁"这个词来描述自己的情况，是因为当今社会每个人都被训练得用这种方式说话和思考。但是当我们讨论正常的悲伤和医学上的"临床抑郁"时，玛丽却是从个人感受，而不是医学角度去思考的。为了"排解自己的悲伤"，她有了新的想法。

她的脑海里浮现出一扇敞开的窗户：悲伤飞出窗外，飘走了。她看到自己心灵的窗户向大海敞开。她开始练习，走进心房，脱下厚重的外套，在安乐椅上坐一会儿，然后走到窗前，手一碰，窗户就开了。她感受到海风吹拂在脸上，闻到大海的味道。接着，悲伤飘出窗外，像一抹幽暗的流光，消失在远处大海的尽头。

希望你也能够在心房里设计一组镜头，积极改变自己的居家模式，并帮助自己处理各种心理问题，比如悲伤。请为自己创造一些个性化的体验吧。重新看一遍这本书的目录，从里面挑几个视觉化想象，然后设计一组包含四五个动作的镜头，来应对挑战。看看你自己是否愿意这样做，也许你会感觉很美妙。

视觉化想象 找一个你正在努力解决的问题，并设计一组镜头，想象自己解决了这个问题。

思考与写作 在阅读本书的过程中，你在心房里的感受有没有发生一些变化？

第四十四章
有头无尾的亚当

2015年春天，我去伦敦出席第一届世界存在治疗大会。一天下午，我正好有空，就去汉普特斯西斯公园附近的一家酒吧见一位新客户。他叫亚当，长得高高瘦瘦的，是伦敦大学历史系教授。他给我写过一封邮件，说他写的书都只有开头，没有结尾。

我们坐在后花园里喝咖啡。那是一个美好的春日，花园里人头攒动。

"我写了很多草稿。"亚当说。

"不错呀。"我笑着回答。

"要是草稿最后能变成一本书倒是不错，但是对我来说并没有。"

我等着他继续说下去。

"跟你说说我的情况吧。"他开始了，"我在父母身边长大。他们两个都有心理疾病。我自己接受过好多年心理治疗，后来，我发现有一个人能够进入我的意识里，它不想让我有任何产出，也不希望我成功。那个人在我童年时代就来了，在某种程度上，这和安全感有关。我觉得和父母住在一起不安全，而且他们告诉我，这个世界不安全。他们让我的生活里充满了持续不断的焦虑和灾难想象。"

我点点头。

"所以现在的问题是，我刚写了没几行，就会被焦虑淹没。我撕掉自己写的东西，不再写这些垃圾，也同时割裂了自己。我被强烈的恐惧感所淹没，尤其到了晚上。在白天，我总是有各种方法回避写作。"他啜了一口咖啡。"这个很简单，因为我得上课，参加委员会会议，还有通勤，等等。逃避自己的研究课题，这对我来说很简单，也让我感到一种说不出的羞耻，因为我写的东西真的很有意思。"他笑了笑，"可以说，它们既有趣又吸引人，不过，它们却不吸引我。"

"你已经写了很多书吗？"

"很多。"

"都是同一个主题吗？"

"是的。1946年的英国、法国和德国，我对第二次世界大战后那一年的事情一直很感兴趣，但是范围很广——不是一般的广。这几个国家里面发生的任何一件小事都可以写一本书。我根本无从下手。"

"是的。"我点点头，"所以，你感觉自己无法抓住整个画面，但只写一部分你又感觉太小，似乎不值得去写？"

"就是这样。我的同行们一直在写那段时期的历史，这段历史好像已经深入到无数个欧洲历史学家的血液里面——就像你们美国的很多历史学家还在对南北战争念念不忘一样。所以，我每次听到同行谈论他的新书或者文章，或者看到他们在大会上分享自己的想法，侃侃而谈时，我的心里就更难受，那感觉就像在伤口上撒了一把盐。"

我们安静地坐着，都没有说话。

"我觉得生活没有意义，我有一种绝望感，似乎我很难去实现自己的人生目标。后来我被诊断为患有焦虑症和抑郁症。不过还好，我已经能和这些心理症状保持一定的距离，而且能够正常生活了，但我仍然在寻找答案，仍然想写完那本书。所以我今天来找你。"

我们快要喝第二杯了。

"我觉得，我意识中的那个人不会让步，因为这关系到我的核心安全感，"亚当平静地说，"我也许只能写一些短篇，这样我的情绪压力就会比较小。也许只是一篇文章，虽然写文章也不容易！我还没有找到打倒内心的那个人的办法，但是就算那个人一直在那里，我也打算继续这部分工作。我还没有完全放弃。没有。"

"那你打算写什么内容呢?"我大声问他。

他摇了摇头:"这个问题我连想都不能想。"

"现在说这个让你焦虑吗?"

"十分焦虑!"

"好吧。那我们试试看,请你想象一个雪景球。你知道我的意思吗?"

"知道。好巧,我平时就有收集雪景球的习惯。"

"那太好了!我们来想象一个景观,泰晤士河南岸和伦敦眼怎么样?"

"好的,"他同意了,"要有泰特美术馆吗?还有所有的大桥?要不要加上一辆驶向格林尼治方向的汽车?"

我忍不住笑了。这正是焦虑的表现。这种表现有时会被误认为是完美主义——对亚当来说,他需要在想象出来的雪景球里创造一个完美的场景。但是,这和"完美"没有任何关系。

"别担心,"我笑着说,"现在闭上眼睛。想象那个雪景球,摇一摇。想象一场巨大的暴风雪覆盖了整个伦敦,"我笑着说,"能看见那幅画面吗?"

"能。"他说。"不过我们这里不大常见。"

"不是在雪景球里哦。"

"当然。"

我们两个都笑了。

"现在，请你平静地看着雪花落下来。"我接着说，"雪下得越来越小了，小小的雪花随风飞舞。随着雪花纷纷飘落，你的神经也放松下来了。等到雪全部落下来，我们会再问问刚才的问题。"

他闭着眼睛坐着。又过了一会儿，他点了点头，眼睛仍然闭着。

"好，"我说，"你想写一本什么书？"

他重重地叹了口气。"一本关于第二次世界大战中投靠轴心国的人战后第一年在英国、法国、德国这三个国家的生活遭遇的书。"

"范围还是很广哦。"我说。

"但也许……能写出来。"

在接下来的三年里，亚当和我一起工作，我们每个月通过视频对话一次。经历了起起伏伏，亚当终于写完了初稿，他又修改了几次，然后把它发到许多学术相关的出版社。他顶住了最初的批评和拒绝，最终享受了作品得以被准许出版的那一刻。出版前，编辑提出了无数次修改要求，这给他带来不少痛苦。我不断地提醒他："这就是创作过程。"有时候，他也会先发制人，说在我前头："我知道的，创作过程就是这样的！"

这本书最终激起了一些水花，这对学术出版社来说并不多见。虽然亚当不是很开心，因为开心对于一个敏感的灵魂来说，是很难捕捉的，不过亚当笑了。是的，那个笑容可能带着一丝嘲讽，不过，在伦敦必将到来的阴沉时光里，它让人心里暖暖的。

视觉化想象 现在，你已经学到了40多个视觉化想象练习，选择其中一个练习一下吧。

思考与写作 你有没有梦想过开展一些大项目？思考这些项目是否会让你十分焦虑，以致你根本没法去想？"我该怎么做才能让我的梦想起航呢？"围绕这个问题写一写吧。

第四十五章
人格结构

在本书里，我们用到了一些结构和比喻。比如，我们把心房比作一个实际存在的房间，把你在心房里的状态叫作居家模式，把对心房和居家模式的重新思考叫作翻新心灵。现在，让我们再来讲述一种关于人格的结构和比喻。你的人格由三部分组成：原始人格、面具人格和修正人格。

原始人格包含了我们来到这个世界时本身所带有的各自的生物特征、遗传基因、意识、气质、神经系统、智力、感官、偏好以及其他点点滴滴。

我们的原始人格经过生活的洗礼，慢慢固化成一个刻板、重复性的面具人格——我们会不断重复同样的思想和行为，坚定地认为某些事情是对的或是错的，比如强烈需要袜子横着放而不能竖着放，或者鸡蛋只能煎不能水煮。

原始人格的某些特征是怎么变得对鸡蛋的做法如此挑剔的？谁也说不准，但它就是这样发生了。原始人格中的一点一滴——从写小说的冲动到在一朵云掠过太阳的时候感到悲伤的应激感受——它们慢慢地汇聚成一个自我，一个僵硬刻板的自我。

我们可以把修正人格看成是游荡的自我——它能够让我们从旁观者的角度去意识到自己当前的处境，并穿透防御，精准地看到自己想要的是什么。这一部分自我可以和我们聊聊鸡蛋怎样做才好吃，聊聊自己是不是喝得太多了，或者探讨一下自己能够对慢性悲伤做点什么。

修正人格可以根据你的需要去疗愈、改变和成长。它可以帮助你理解自己的原始人格，梳理原始人格中的点点滴滴如何让我们变成了现在的自己，这很重要，但更重要的是去设定一些切实的目标，然后利用自己的修正人格努力实现这些目标。也就是说，我们要把注意力放在"我想成为一个什么样的人"，并想办法利用修正人格来实现自我。

每一次改造自己的心房，你的心灵就会多获得一份自由。在你的心房正在经历翻新和装修的时候，你自己也一样。想象一下！你和你的心房都在改变。

原始人格永远让人一知半解，面具人格类似于一种习惯性的，机械化的运作模式，而修正人格赋予我们理性的自由。这个简单的结构组成了一个丰富而复杂的世界。某一天，我们可能会被原始人格所牵引，感到困惑、彷徨，甚至做出一些冲动的行为，而这些突然而起的冲动可能会和我们的面具人格产生冲突。

但是我们可以利用自己的修正人格，并向自己证明："哇，多么混乱的一天！但我仍然可以为自己的人生目标而努力，因为这才是最重要的！"

把关注点放在修正人格，并努力利用这一部分，这能够让我们的注意力回到当下，回到现实生活里。当然，修正人格在整体人格中所占的比例会发生变化。这部分从来都不是精确、恒定的，而是会根据环境的变化而变化，环境宽松的时候，它会自然而然地多一点，当你受到压迫时，它就少一点。

比如，总体来说你是一个有同情心的人，但如果突然被置于"狱卒"的角色——就像在斯坦福大学进行的著名的社会心理学实验一样——你可能会发现，自己的同情心不复存在了。内心深处的负面情绪平时被管理得好好的，但在这种时刻，它也许会在一瞬间突然爆发。是的，这让人心里极度不安，但这就是事实。

这种关于人格结构的比喻能让你用一种优雅的方式来和自己谈论自由和责任。它可以让你面对真实的自我："我是不是生来就悲伤，或者生来就对悲伤比较敏感？有可能。那么，这就是我一辈子的挑战。我可以用自己的方式去应对。"对，你是自由的！请你走进心房，按照我们一直在讨论的办法，为面具人格脱去厚厚的外套，让清风吹进来，做最自由的自己。

视觉化想象 想象自己利用修正人格来让你的面具人格得到升华。

思考与写作 请用原始人格、面具人格和修正人格的比喻自问自答一下，比如，你有没有被自己的面具人格所束缚？你会怎么利用修正人格来做出改变？

191

第四部分

———

刻意练习，迎接成功

第四十六章
练习自我表达：演讲角

在第四部分里，我将介绍几种可以改善你的居家模式的练习，希望你能够有规律地进行练习——最好将它变成一种习惯。因为在改造心房的过程中，日常性练习所养成的习惯比不规律的或者间歇性的练习要好得多。想象一下，如果一个月里，你只有两三天坐在安乐椅上，那另外二十几天的你会是什么样子？

所有对你有帮助的事情都是这样：如果你只是偶尔做一次，那么你会真的有所改变吗？心房翻新过程中有一项重要工作，就是让这些切实有用的练习变成一种习惯。

其中有一项很重要的练习是：自我表达。

弗洛伊德曾怀疑，所有的写作者之所以觉得自己写不出作品，都是因为自我审查。他们不是没有好词、好句或者没有思路，而是（出于某种原因）害怕表达和分享。

自我审查对所有人来说都是一个大问题（当然也包括创作人员在内）。这一点能够解释为什么公开演讲是人们最为惧怕的事情之一：大多数人会因为在公开场合演讲、透露自己的信息而极度焦虑。即使演讲的内容与个人无关，他们仍然认为这会暴露其思考能力的强弱，他们担心自己讲的是不是有道理，看上去是不是有能力，等等。想想看，对于这些人来说，自我审查是否会让他们寸步难行：一位科学研究员想要发表有争议的理论，一位画家正在酝酿一批非主流题材的作品，或者一位作家想写一部以复仇为主题的小说。

在这种时候，我们害怕暴露的是什么？是我们并不像自己以为的那么聪明、那么有才华、那么成功？是我们的表现不尽如人意？是我们的作品没有新意？是我们的视觉影像太俗套？是我们处于二流水平？是我们在抄袭？是我们落后于时代？是我们还很幼稚？是我们……你自己填吧。

真实地表达自己确实让人很没有安全感。在博客、论文、书籍、歌曲或绘画中发表关于某些观点，会招致批评，也会给个人生活带来实际的影响。严肃考虑这些后果是完全合情合理的，但是严肃考虑这些后果和决定不发声是两码事，一个是谨慎，一个是卑微的沉默。

该怎么办呢？你可以在心房里设计一个"演讲角"。

历史上最著名的"演讲角"坐落在英国伦敦海德公园的东北角。不过除了英国，还有很多地方都有"演讲角"：印度尼西亚、荷兰、意大利、加拿大、澳大利亚、新加坡、泰国，等等。"演讲角"给人们指定了一个自我表达的场所——不过，跟大众想象的不一样，在那里，并不是所有言论都允许表达。

在你的心房里也设计一个"演讲角"吧，在这里，所有表达都是被允许的。请利用这个"演讲角"来练习表达平日里你不敢说的言论吧。

你会怎么设计这个"演讲角"呢？一个带扩音器的老式肥皂盒？一个带话筒的讲台？镁光灯舞台和手持话筒？这个角落该在哪儿呢？你会把它放得离自己远远的，还是放在更显眼的位置呢？

请在安排和设计"演讲角"的时候，考虑一下这些细节吧，然后试用一下！想象自己站在那里，真实地表达自己。想象自己雄辩、直白、强大。你会怎么使用这个"演讲角"呢？你会听到自己在说什么呢？

假设你正在写一部小说，但是因为某种原因卡住了。卡住的原因或许有很多，其中一个可能就是自我审查。请走到你的"演讲角"，把小说里最难以启齿的内容说出来吧。听自己大声地朗读出来。这部分的确难以启齿，但它并不像你想象的那么危险，是吗？还是这部分透露了太多关于你自身的信息，所以必须抹去和删掉？请你勇敢地读出来，勇敢地评估，看看自己会发现什么。

也许在说出来之后，你会继续写下去，也许你会发现自己应该有策略地进行一些调整，抑或你理解了为什么自己必须要放弃。你在"演讲角"里的勇敢和努力很可能会带出你的下一步动作。

在心房里设计一个"演讲角"吧，用它来真实地表达自己，也帮助自己消除自我审查。

视觉化想象 想象自己的心房里有一个"演讲角"，并想象自己每天都去那里讲一些平日里难以说出口的、重要的真相。

思考与写作 "有哪些东西是我觉得难以说出口的？"围绕这个问题写一写吧。

第四十七章
激发献身精神：奉献圣坛

大部分人都不像自己希望的那么自律（同样，这也包括了创作人员）。他们责备自己不够自律，但是，也许这不是自律的问题，他们可能（甚至很有可能）是缺乏献身精神。创作需要一种献身精神和对作品深深的敬意和深切的热爱，它是创作人员日复一日持续创作的动力，即使生活很艰难，创作还是令他们难以抗拒。如果没有这种奉献精神，抵触和阻碍很快就会随之而来。

意大利歌剧演唱家卢西亚诺·帕瓦罗蒂（Luciano Pavarotti）曾经说过——

"有人说我自律，其实这不是自律，是献身。这里面差别很大。"

确实。自律是一种极好的品质，对于创作或演绎，以及任何想要实现自己人生目标的人，高度自律都是必要的。但是，如果你对自己的努力缺乏一种献身精神，在效益和兴趣之外，如果你看不到其他值得为之付出的更深一层的价值，那么你很难用一辈子的时间去解决一个物理学难题，或者花四年时间埋头于一部体裁庞大、情节复杂的小说。完成这类壮举既需要自律，也需要献身精神。

"奉献圣坛"可以支持你对自己的工作保持献身精神。对我来说，这个圣坛并没有特定的精神内涵，而只是一种视觉化辅助，提醒我们去热爱生活。

请你走进心房，环顾一下四周，看看这个圣坛可以放在哪里。梳妆台上面？或者办公桌上？还是画架旁边的植物架上？如果壁炉上面的架子很宽，你会把它放在壁炉架上吗？反正，你可以自己设计，确保它能够放得下！为它选一个显眼的位置，让你能够时刻将它铭记于心。

想想你要在圣坛上放些什么？你可以放上你在生活中所有热爱的事物，以及和人生目标有关的一切。一本老旧泛黄的书、一把漂亮的滑尺、一张璀璨的星云图、一些旅行时购买的纪念品、一双女儿的婴儿鞋——什么都可以。请根据你希望的样子布置这个圣坛，包括它的烛台，然后退后一步，看看自己是否喜欢。

请现在来试用一下。想象自己来到圣坛前，感觉自己和工作、自己的信念以及目标连接，和所有你认为重要的事物连接。体验一下自己为之献身的感觉。看着那些分散你注意力、让你不安的想法在这奉献的光芒里消融。

圣坛摆在你的心房里，你可以随时对它进行改动。它可以被布置得像大英图书馆的图书室，也可以缀满春天的鲜花；它可以很古老，也可以很现代；它可以是一个固定的概念，比如一个朝圣地，也可以是一个变化的概念，像一天中的光线一样千变万化。重要的是，当你站在它面前，你会感觉自己的内心充满了虔诚。

视觉化想象 想象一个圣坛，你在那里宣誓并体验为之献身的感觉。

思考与写作 你会为了什么奉献自己？看看自己能不能表达清楚。

第四十八章
保持创作热情：点燃壁炉

一个聪明、敏感、富有创造力的人，总会感觉内心有一股动力推动着他去从事创造性工作，这是不言而喻的，但实际上，大多数创作人员和所有即将从事创作的人都会感觉自己很难保持创作动力。

一方面，创作是一项艰苦的工作，是对一个人智力和创造力的挑战；另一方面，被创作出来的作品里只有一小部分是还不错的，这一小部分里又只有一小部分可以称得上优秀；还有一点，就是不管什么作品，都要面对批评、被拒绝和审视。确实，在创作过程中保持动力，比我们一开始想象的要难得多。

这种动力甚至有可能完全消失。一位小说家写了一部处女作，并不断地发给各个出版社，要是没有人愿意出版，他会怎么样？他还能有动力继续找出版社，或者创作第二部小说吗？他还能以写作为乐吗？

在极端情况下，一个有创造力的人也可能会因为一连串的原因失去对创作的兴趣和渴望，甚至活下去的欲望。所以，你有责任关注这个问题，并在遭遇一系列挑战时，找到办法去维持动力。当火苗越来越小，你要拨一拨，加点柴。要是火苗完全熄灭了，你就必须点火，让它重新燃烧起来。

为了重新点燃你的创作欲，请你在心房装一个壁炉，生起熊熊烈火，让自己暖和起来。这是个聪明的做法。这燃烧的火焰深深地连接着我们的原始本能，它不仅可以温暖我们，还能激发想象力。你的心房里应该要有一个壁炉。

缺乏动力会给创作过程带来艰难险阻，所以，创作人员最重要的任务之一，就是让壁炉里始终燃着烈火，请把安乐椅挪到炉火旁边取暖吧。与其责备自己，或者纠结"我为什么不去创作"，不如大声说出来："我好冷，而且一点动力也没有——但火焰会帮助我！"

燃烧的炉火还有许多别的用处。你可以把内心的遗憾写在小纸片上，丢进炉火里烧掉，或者烧掉文学经纪人或画廊老板的拒绝信；你还可以借着火光，读一读自己的回忆录，或者做做白日梦。壁炉让安乐椅更加温暖舒适了，同时，它也是一种强有力的提醒：创作动力会由强变弱，甚至完全消逝——你绝对不能让这种情况发生。

看一看你的心房，你已经有了一把安乐椅，那就把壁炉装在安乐椅对面吧。确保柴火充足，点火，看着跳动的火苗，向自己宣告："这火焰温暖我，激励我，让我能够继续工作。"请在炉火旁边坐一会儿，享受火焰的光彩和温暖，然后走向办公桌或者画架，开始工作。

创作热情不高的时候，你会很难面对工作，要是这火花完全熄灭，就更不可能去继续工作了。保持创作热情的方法有很多，其中一个好办法就是在心房里装一个壁炉，并要求自己，让火焰永远燃烧，长明不灭。

视觉化想象 想象一个壁炉，里面燃烧着炽热的火焰，用这火焰来重新点燃你对人生目标和创作的渴望。

思考与写作 当动力减弱时，除了点燃壁炉温暖自己，你还会做些什么呢？

第四十九章
创造意义感：意义喷泉

　　我们在之前的章节里讨论过，意义感是一种心理体验。所以，和其他心理体验一样，意义感会来，也会走。尽管它有时会消失，但好在它还会回来，特别是当我们积极地创造意义感，投入到曾经认为有意义的活动里，活出自己的人生目标和价值观的时候，就可以再次体验到意义感。

　　意义感是可以失而复得的。今天，坐在池塘边上喂鸭子对你来说好像没有意义，因为你有太多事情想去做了，但四十年后——或者明天——你可能会在池塘边坐上一两个小时，并感到充实。今天你觉得没有意义的事情，明天你可能就会觉得它有意义。意义感正是如此。

　　如果你把意义感看成要去寻求、寻找或者能够找到的东西——好像一只遗失的钱包或者一枚戒指——那就等于把它看成了一种微不足道的东西。这种思维模式里的意义感反而被弱化、简化了，似乎听一场大师演讲就能得到。你不知道人生中哪些东西是有意义的，然后大师给了你一个答案，你就知道了。不会吧？我希望你没有把意义感当成那种东西。

那不是意义感，绝对不是。如果意义感这么容易就能得到，那么它就太渺小、太肤浅了。如果一个高亢、嘹亮的嗓音告诉你，生命的意义就是一边金鸡独立一边唱歌，你会怎么想？你觉得这样很了不起吗？它对你有用吗？我希望不是。

我的一位客户鲍勃说——

"关于生命的终极意义是什么，我一点都不知道，而且我很确定其他人也不知道。但是我认识到，有些事情是对我有意义的，而且一直都有意义。我能够体验到意义感。我可能无法随时随地地体验到它，但是我相信，意义感是属于人类的一种可再生的心理认知资源。更重要的是，我的生命中能不能重新涌现出意义感是我自己能够掌控的事情。这句话听起来可能有点奇怪，但是我知道自己在说什么，我知道该怎么完成这一伟大的壮举，让意义感重新在我生命里流动起来。"

而我的另一位客户玛莎是这么说的——

"当我真正意识到意义感是一种源泉时，我感到一种更深的连接，而且感到自己更有希望、更有力量。我觉得自己不仅和某个特定的、能够创造意义感的选择相连接，而且我更深刻地意识到，意义感是无穷无尽的，自己的选择也是无限的。我有时会想象自己穿梭到地球深处，那里有一汪泉水，我会想象自己穿越时间，改变形态，进入到其他人、其他动物甚至植物的意识里，用他们的视角看待一切。他们都和我一样，在这一汪泉水里汲取意义感——这些都是我自己创作出来的一个个小故事。从我发自内心地认同意义感是一种源泉开始，我对创造意义的理解和以前不一样了，我感觉轻松了很多。"

还有一位客户苏珊是这样说的——

"在我把意义感看成一种源泉以后，我和意义感的关系变了。就像黄石公园里著名的间歇泉——老忠泉（Old Faithful）一样，我感觉自己在工作的时候，有一股能量在沸腾。有时候，我因为很多别的事情不能写作，这时，我会感觉自己的创造力在不断累积，然后，当我可以写作的时候，我会埋头写作，并长时间地保持工作状态。将意义感想象成一股源泉，它帮助我在不能写作的日子里保持充实，也帮助我在能够写作的日子里积极创造。它好像在很多层面上都能起作用，它能加深我与创作的连接，消除抑郁，让我更轻松、更容易地去做那些普通、日常的事情。"

请在你的心房外面添置一座院子，并在院子里造一座喷泉吧。想想它的外观：也许它看起来像罗马式喷泉，或者有些古灵精怪的考尔德①式喷泉。这座喷泉象征着意义感的流动，它提醒你，意义感是一种取之不尽、用之不竭的资源。如果某一天你觉得无聊、难过，就径直去到那个小院子，在喷泉旁边坐一会儿，静静体验意义感的回归。

视觉化想象 想象出一个院子和一座喷泉，你正坐在喷泉旁边，体验意义感的回归。

思考与写作 "如果只有在体验到意义感的时候，我才感觉人生是有意义的，这意味着什么？"围绕这个话题写写吧。

---

① 指亚历山大·考尔德（Alexander Calder），美国艺术家、动态雕塑概念的创始人，是20世纪最著名的雕塑家之一，因动态雕塑和金属丝雕塑而闻名。——译者注

第五十章
降温：备好一桶冰水

我们的内心总是暗潮涌动，这股暗潮会制造出可怕的冲动，偶尔还会有洪水暴发。我们把这种涌动的野性称为原始本性。

这种涌动会如何表现呢？可能你正想着一件稀松平常的事情，比如面包圈上该涂黄油还是奶油芝士，而就在这个念头下面，一片滚烫的熔岩之海正在沸腾并准备爆发，一桩无心的意外正准备把你的生活整个掀翻，或许还潜藏着一番覆水难收的话语或者一场任何道歉也无法弥补的暴行。说来也怪，尽管我们的意识暗潮汹涌，但也许伴着睡衣、薯片、肥皂剧，邋遢的一天就这么过去了。为了遏制住潜意识中滚烫的熔岩，有时，我们会一整天窝在沙发里看电视。这多么奇怪啊！

这股炽热的岩浆在每个人的内心沸腾，而我们的心房就好比建造在一座活火山上。我们每个人都生活在这一危险地带。在给面包圈挑选黄油或奶油芝士的时候，你能感觉到这股沸腾的熔岩吗？我觉得能。当它嘶嘶作响时，我觉得你能够透过意识的缝隙和裂纹感觉到它的存在，感觉到它正准备喷发。其实，能够有所察觉就已经是一件很了不起的事情，这意味着你可以为它的喷发做好准备。那该怎么准备呢？随时备好一桶冰水。

请环顾你的心房，看看这个冰水桶该放在哪里。也许你会把它放在杏子画下面，或者放在你存放帽子、能量棒和象征"美好"的纪念品的抽屉柜旁边。做好准备吧！

你感觉到火山即将爆发——一些不理智的，甚至会让你后悔的事情将要发生。该怎么办呢？请提起这桶冰水，做好准备，当熔岩漫过第一条警戒线时，就把冰水浇上去。哇，好大的蒸汽！也许你会有点看不清，呼吸也有点困难，但是熔岩很快冷却了，变成了黑色岩石。你创造了一场属于自己的夏威夷岛蒸汽浴，把沸腾的内心变成了一座热带乐园，这个想象是不是很有趣？

这想象并不能让你真正创造出一座乐园，但它能浇灭你内心的无名火，阻止你婚姻破裂、健康受损或者颜面尽失。你让自己的冲动冷却下来，变成了一堆灰烬，成就了一件对自身健康有益的事情。是的，你得忍一忍那蒸汽；是的，那火红的光芒很耀眼；是的，你可能更喜欢火，而不是冰。但是任由熔岩流出，无异于自我毁灭。

现在就去吧，在心房里放一桶冰水。你可以把它放在角落里，这样就不会显得很突兀，但不要藏在那个巨大的毛绒老虎或者一堆没读过的书后面。你要能够看到它，并确保它在那里。是的，灭火器没有装饰意义，同样，冰水桶也不会让你的心房更美观，但我们的目的并不是美观，而是安全以及自尊。

让自己被炽热的熔岩控制，就等于不尊重自己。虽然我们可以在事后解释"我只是一时冲动，没有控制住自己"，但这种解释已经为时已晚，是不是？当这熔岩还只是一道红光，并透过地板向上翻涌的时候，用一桶冰水把它浇灭不是更好吗？

视觉化想象 想象一桶冰水，用它来浇灭内心危险的、原始的、热血沸腾的冲动。

思考与写作 你的心里有哪些"洪水猛兽"？

第五十一章
释放情绪：将意念集中于食指

如果说思维存在于心房里，那么情绪存在于哪里呢？

如果情绪也有自己的房间，那就好了。要是情绪也有自己的房间，就像心房一样，我们就可以对情绪也做类似的工作了：在那个房间里装一扇窗户，放一把安乐椅，等等。有趣又简单。但是，我们体验情绪的方式好像不是这样的。

所以，对于情绪，我们要用到另一个比喻，不是一间屋子，而是想象情绪在我们体内的系统里循环，就像打开暖气或空调以后，家里的空气开始循环、流通一样。其实，情绪就是这样循环，就像血液在我们体内流淌。

有时候，我们感觉不到体内有什么特别的东西在流淌，感觉比较平淡。如果有人问起，我们可能会说："我没有什么特别的感觉呀。"但之后也许会发生一些事情——比如公交车上的一件小事、脚指头受伤了、一段糟糕的记忆、一种突如其来的欲望——会让我们几乎可以听到情绪突然开始在体内流动，就好像突然之间来了一阵热浪，让我们的体温升高了。

有时，愤怒、悲伤、屈辱……各种情绪扑面而来，汹涌澎湃，让我们猝不及防。情绪能够突然之间流遍全身，流进我们体内的每一个角落和缝隙，并对我们产生强大的影响力。情绪四处奔涌，它淹没了思维，并完完全全绑架了我们！

不过，情绪四处奔涌——这画面不正说明了我们可以做些什么吗？比如稍稍控制一下它的流动？好比一座带独立温控的智能住宅，你可以不用加热整座房子就能让卧室变暖和。对于情绪，你能不能也这么做呢？

想象一下，你可以把自己和刚刚涌现出来的坏情绪隔离开，就用左手食指当隔间吧。当情绪像潮水一样在你体内奔涌，请用意念把它全部引到左手方向，然后集中到左手食指上。这根手指现在就是你身上唯一一处能感觉到这种情绪的地方，这难道不是一种进步吗？

在小心翼翼地把坏情绪隔离出来以后，你可以用食指像手枪一样把这种感受向某个想象中的目标发射出去，把它从体内释放出来，或者用食指当作钢笔在想象的砖墙上随意涂写，把感受写下来，或者像滴管一样用食指把愤怒一点一点地滴进水池里，你也可以想象其他的方式。

你可以从小情绪开始入手练习，比如轻微的恼怒——你没赶上火车，好沮丧！深呼吸！把这股涌进整个身心的恼怒感引向左手食指，向刚刚驶出站台的火车发射出去，当火车消失在你的视线，你的恼怒也随之消失了！

然后试试中等强度的情绪。你和父母亲聊天时受到了指责。好，情绪来了。它无处不在，穿过你的每一条动脉、静脉。深呼吸！这跟上面比起来确实有点难，不过，试试看吧，把痛苦和愤怒引向左手食指，大声说："坏情绪，再见！"然后，像滴管一样，用食指把隔离后的情绪统统射进水池里，让自己摆脱痛苦和怨恨。

最后试试高强度情绪。这时候需要非常小心，因为高强度情绪极其痛苦、强烈，甚至是淹没性的。做几次深呼吸，想办法把这种强烈的情绪引向左手食指。这次会更难，但试试看，让它集中在食指上。想想看，一根手指要承受这么多的情绪！但也许你能做到。好，现在……把这些情绪处理掉，可以把它当作墨水，画一个面目狰狞的鬼脸，然后放进壁炉里烧掉。

你还需要更多手段去处理每天都会出现的情绪。花点时间，再想些新奇、刺激、美妙的主意吧。在思维方面，你已经做得很好，但你不想在关心思维的同时忽略了自己的情绪。针对思维，我们一直在努力进行动态自我调节，那么对情绪也可以试着进行动态自我调节。这真是一个绝妙的主意，不是吗？

视觉化想象 想象自己用意念把负面情绪发送到食指，然后逐出体内。

思考与写作 该怎么用"心房"这个比喻来更好地处理消极和痛苦的感受呢？

第五十二章
提升心理韧性：反弹角

我们常常会感到受伤，甚至受伤的感觉每天都会出现。理性是我们人类的骄傲，但如果我们的感觉受伤了，我们又怎能保持头脑清晰和理性思考呢？如果受伤的感觉已经令我们不堪重负，我们又怎么可能活出自己的人生目标，并创造意义感呢？所以，从受伤的感觉里恢复过来，并提高心理韧性，必须成为我们人生中的一大任务，不是吗？若非如此的话，受伤的感觉也许会夺走我们的人生。

再来看看玛丽。玛丽是一位画家，她怀着很大的期望把自己的画做成演示文稿发给一家画廊，却只收到一句简短的回复："真是业余水平！"此后三年，她都没有画画，直到我们一起开始咨询工作，她才又重新拿起画笔。在创作人员的生活里，这种戏剧性的打击比比皆是。一句尖锐的批评能让一位艺术家停下脚步——有时甚至是永远——让他（她）彻底怀疑自己是不是有权利或者有资本成为一名职业艺术家，甚至怀疑自己根本什么也不是。

这种打击的影响会持续很长时间，我们一开始的反应可能会特别大、特别强烈，强烈到像爆炸一样。当有人说（不管是委婉地说还是明确地说）你是个白痴、你没有天赋、你很平庸、你写得很烂、你在抄袭，你都会有反应——一种激烈的、全身性的情绪反应，这种反应甚至可以改变你的世界观和自我认同感。

几乎每个人都会对批评、侮辱产生强烈的、本能的反应。这是一种条件反射，就跟脸红、战逃反应一样，是一个人固有的、最基本的反应。有些超然世外的高人或者心理防御力很强的人可能感觉不到这些打击所带来的刺痛，但是我们会，我们会感觉像是发生了一件极大而且极坏的事情。但，我要告诉你，真正发生的只是我们产生的某种感觉。

在最初的痛苦平息后，你会做些什么呢？下一步就看你的了，你接下来的行为可能会贯穿一整年，甚至整个下半辈子。有什么好办法吗？在你的心房里设计一个"反弹角"吧，当负面情绪扑面而来时，立刻跑到这个角落里，承认某件事情引发了很大的情绪，承认自己突然之间被压力、激素、负面想法和痛苦所淹没。同时也告诉自己，并没有发生什么真正重要的事情。

提醒自己，真正发生的，只是你产生了一种感觉。你可能只有在最初的痛苦消退后才能做到。经历了最初的几秒或几分钟后，你可以轻轻地说："哇，这种感觉好强烈。"呼吸，然后小声说："长痛不如短痛。"这表示你自己打算尽力、尽快克服这种感觉。

一旦痛苦的感觉消退，就请你走出"反弹角"，坐到安乐椅上，勇敢地面对，也许是："我讨厌有人说我的画死气沉沉！但我现在知道了，在我把本来栩栩如生的照片拼贴画复制到油画布上后，它反而显得毫无生气。好吧，我完全接受这个现实。我不能再弄那种画了。"一旦用"反弹角"处理好最初的刺痛，就请你坐到安乐椅上，想想自己该怎么看待外界的批评。

你还可以在"反弹角"里放一块弹力垫。找一块你喜欢的瑜伽垫、健身垫或者别的垫子。在垫子上舒展一下身体，让自己平静下来，感受到一股能让你复原的能量流进你的身体，让你重获新生，获得新的力量。不过在这之前，也许你必须先原谅那个批评你的人，甚至原谅整个世界给你这样一记重拳。我做教练时有个客户叫拉尔斯，在讲到原谅时，他解释道——

"我需要原谅一切。我很容易让自己沉浸在过去发生的事情里，我感觉很沉重，动弹不得，而且我对很多事情看不清。这些沉重感压得我几乎什么都做不了，也无法创作。我意识到，要消除这种沉重感，我需要打开自己，让创造力涌现出来，而第一步必须是原谅，原谅所有的一切，只有先原谅，那些在痛苦里积累起来的思想、经历、悲伤、规则、习惯，以及我感受到的所有的限制，才能得到解放。我觉得这种解放是对自己的一种慷慨。"

为了应对种种挑战——健康问题、人际关系困难、创作中的败笔以及无意义感所带来的危机，等等——我们必须不断提升自己的心理韧性。其中强有力的一步，就是充满仪式感地让自己从垫子上爬起来，所以你可以想象出一块垫子。在"反弹角"放一块弹力垫，让自己在生活的众多打击里练习快速恢复、满血复活吧。

视觉化想象 想象一个反弹角，在这里，你可以快速地从心理打击中恢复过来。

思考与写作 有哪些办法可以帮助你提升心理韧性？

第五十三章
加强人际连接：约会日历

人际关系对每个人来说都是一个问题，尤其是那些努力保持个性的人、小心翼翼守护自己世界的人、自信里夹杂着自卑的人，以及那些聪明、敏感、富有创造力的人。

确实，创作人员也许天生就要独自前行，但是，如果不注重培养人际关系，就很难获得心理健康和幸福感了。即使人际关系不是你人生的第一选择，将它作为第二选择也很明智。

创作人员常常会忘记与人连接的重要性。忘记这一点，他们就会变得疏离、孤独和悲伤。有一个办法可以解决这个常见的问题，就是做一本"约会日历"，并把它放在心房里。在现实世界里，你也很有必要准备一个日历本，为自己安排日程。心房里的那本则可以用来提醒自己"与人连接对我来说至关重要"。

让我们想象一下，这一天过得无聊、沉闷，你感觉生活单调、乏味。这一刻就是你走进心房，从书桌抽屉里拿出"约会日历"的绝好时机。想一想："我想见谁呢？"让所有你认识的人（包括虽然不认识但是想认识的人）在你面前排好队伍，像走秀一样一个一个走过去。

依次想想他们每一个人：莉莉阿姨；托尼表弟；在画展开幕式上遇到的女子，她能听懂你的笑话，和你有共同的兴趣爱好；高中时的朋友，他在你记忆里占有极其重要的位置；你女儿，目前在隔壁小镇工作，你很少能见到她；你所在领域里的专家，你觉得他永远不会屈尊和你一起喝咖啡——但谁知道呢？还有那位差点就要出版你的书的编辑；经常跟你打招呼的楼下邻居；你父亲……好吧，这位不大好对付。

也许，答案会让你大吃一惊；也许，你会发现自己很想去看看莉莉阿姨，因为她特别喜欢讲家里的故事——你渴望听到家族史；也许，你会发现自己想和那位专家联系一下——不仅如此，你还想提议跟他合作；也许，你会突然想到，那位差点出版你的书的编辑真的很喜欢你的写作风格——说不定你的新书正合他胃口。在这支队伍里，谁知道你会在哪张面孔前停下来呢？

在使用这本日历时，你还可以结合一些仪式（先前练习的视觉化想象）。比如，你可以拿出你的"人生目标盘"，选择"关系"盘，在检阅队伍时，顺便吃点美味的甜点。如果某人勾起了你痛苦的回忆，你可以先忍一忍——给自己十秒的时间，看看自己能不能从那些陈年旧事里学到些新东西。这里面每个人都有自己的不足和阴暗面。想到他们时，你可能会有些焦虑。还记得你装的那扇窗吗？你可以先打开窗户，让清新的微风吹散焦虑，然后……约个时间和他们见一面。

多少有创造力的人因为不能去爱（或者不愿意去爱）、不能去享受（或者不愿意去享受）他人的陪伴而痛苦？不要让自己也成为其中一员。在心房里放一本"约会日历"吧，它能帮你记住，人际关系很重要。

视觉化想象 想象一本"约会日历"，用它帮助自己和他人保持连接。

思考与写作 与人连接有哪些好处和弊端，讨论一下吧。

第五十四章
加强身份认同感：身份宣言

假设你打算成为一名制片人，你必须打心眼儿里认同自己是一名制片人。如果你不认同这一点——在有人问"这里有谁是制片人"的时候你不举手——那么你不大可能去做成电影。

把制片人这一身份加到你的其他身份里面——女性、犹太人、波士顿人、歌剧爱好者……这一点很关键。有什么办法可以做到呢？为自己谱写一份"我是制片人"身份宣言吧。走进心房的时候，或许你还不够自信，但离开时，请你像勇士一样把它大声喊出来。

现在就来试试吧。想象自己走进心房，喃喃自语"我是一名制片人"（或者任何你打算放在首位和中心地位的身份）。

除了宣告身份，你还要确保做到以下事项。这些做法能帮助你加强对制片人（或者其他身份）的身份认同感。

- 养成习惯，在公开场合说"我是制片人"。当有人问你是干什么的，请你说"我是一名制片人"，而不是"我在梅西百货卖鞋子"。这两种说法带来的身份认同感是完全不同的。第一种说法能让你思考电影、谈论电影、建立人脉以及真正成为一名制片人。第二种说法和这些没有任何关系。

- 面对别人的提问时，你可能会退缩，不愿意以制片人的身份自居，你可以先准备好一些回答。第一个问题是："你拍过电影吗？"第二个问题是："我看过你的电影吗？"第三个问题是："你拍的是长电影还是微电影？"勇敢、清晰地设想一些会让你介意、让你难堪、让你停下脚步的问题，然后想好答案。比如，别人问你："你拍过电影吗？"你可以回答："我正在做一部关于移民的电影——你有兴趣投资吗？"这么一来，你或许就能成功扭转局面。

- 在身份认同感开始减退或者消失的时候，你需要格外注意。如果很长一段时间，你都没碰和电影相关的工作，就会发生这种情况——几个月过去了，你没有任何计划，也没有做出任何电影。那些悲伤的日子里，你完全有可能觉得自己越来越不像一名制片人。要注意这种情况，虽然注意到这一点会让你痛苦。承认自己的身份认同感在一点一点减少，并启动自我对话去增强认同感。

- 当你觉得自己已经没有权利再自称制片人时，你知道自己应该怎么做。比如，你已经五年没有拍电影了；因为上一部电影，你饱受批评；现在得自掏腰包，等等。这些情况并不会让你失去自称为制片人的权利，只有当你自己放弃的时候，你才会失去这个权利。当你感觉自己真的不配再自称制片人时，你会怎么做？至少，你还可以在自己的心里鼓励自己，并在公开场合说："我是一名制片人！"当你感觉自己的身份认同感在一点点消失的时候，你需要知道自己具体该做些什么。

● 做一个制片人平时会做的事。这里不仅是指"制作电影"，还意味着从技术和资金两方面去了解电影是怎么制作的；它意味着和能帮助你的人建立工作关系；它意味着学习怎么使用有感染力的语言，让投资人和观众对你的电影感兴趣；它意味着知道怎么给演员试镜、怎么和星探合作；它意味着学习怎么和投资人谈判；它意味着参加一些对自己有用的实习工作。这些都是制片人会做的事。为了巩固对制片人的身份认同感，你需要这么做！

● 每天早上、中午和晚上——每次走进自己的心房，你都要留心，去强化自己的身份认同感。"我是一名制片人"这句话也许应该作为你进入心房的密码。你不一定每天都在为电影工作，但你应该每天都认同自己制片人的身份。

你要和制片人这一身份时时保持连接，要知道自己是不是时时都在认同这一身份，如果没有，就马上采取行动吧。每天都做一名制片人，每天都支持自己的身份认同感。一份想象中身份宣言可以帮助你！

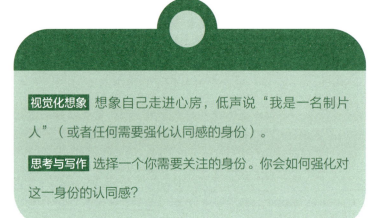

视觉化想象 想象自己走进心房，低声说"我是一名制片人"（或者任何需要强化认同感的身份）。

思考与写作 选择一个你需要关注的身份。你会如何强化对这一身份的认同感？

第五十五章
练习聚焦：矫正眼镜

创作人员在工作时往往会失去焦点。一开始，他怀着极大的热情写小说，从骨子里相信自己已经对全部情节了如指掌。然而没过几天，他就不知道自己该怎么写了。情节发生了质的变化，男一号已经不重要了，男二号想要取而代之，场景需要从美洲变到非洲。突然之间，他不知道自己当初为什么要写这本小说，工作完全失去了焦点。

在这个节骨眼儿上，会出现一个巨大的诱惑：放弃。这个诱惑留下了无数个有头无尾的项目。但是，仅仅因为情节"走样"、工作失去焦点就放弃一个项目，那就放弃得太早了，因为"走样"是创作过程中的一个特征。"我不知道自己在写什么东西！"——许多创作人员都会这么想，但是认同这句话就等于误解了创作过程的本质。太多的创作人员（包括几乎所有想从事创作的人）都会被这种变化刺激而过早放弃手头的工作。

你还有可能因为别的原因无法聚焦。它可能是个紧急项目，令你迫切需要调整工作优先级，这使得你手头的项目变得模糊、不再重要；或许，为了养家糊口，你不得不放弃极具个人色彩的项目，去从事一些更富商业可行性的创作；它还可能是你自己的健康状况，或者你的孩子正面临严峻挑战，抑或是世界发生的变化，占据了我们的注意力。总之，会有各种原因可以让你无法聚焦手头的创作。

当手头的项目"走样"了，或当你已经被生活或别的项目拽走，你该怎么做才能帮助自己聚焦呢？你可以在安乐椅旁边的小桌子上放一副"矫正眼镜"，并想象，一旦戴上这副眼镜，原先的项目就会重新成为你的焦点。

项目的名称会重新变得清晰可辨。当然，你得先给项目取个名字，这个名字不一定是完美的，也不一定是最终名字，它只是一个暂定名，但当你戴上"矫正眼镜"，看到这个名称的时候，整个项目就会涌上心头。

一个固定的名称可以帮助你记住这个项目，看到它，了解它，有助于你在工作时保持动力。快动动脑筋，看自己能不能给手头的项目想一个名字。然后想象一下，先让项目看上去模糊一点，再戴上"矫正眼镜"，体验重新聚焦的感觉。是不是很兴奋？

从项目启动到公之于众，请用这副眼镜帮助自己在整个项目中始终瞄准目标吧。当项目变得模糊，令你无法聚焦时，请直接走进心房，戴上"矫正眼镜"，看着它瞬间重新变得清晰可辨。

视觉化想象 想象一副"矫正眼镜"，戴上它，让重要项目始终是你的焦点。

思考与写作 一般情况下，当你无法再聚焦于某项创作的时候，你会怎么做？

第五十六章
做到言简意赅：七字角

一位画家曾来找我进行咨询，她说她丈夫刚刚退休，最近，他老是去她工作室闲聊。我让她用七个或者不到七个英文单词去表达"画画的时间和空间对她来说很宝贵"的意思。

她花了很长时间才憋出一句话，而且语气充满歉意，软弱无力。后来又试了好几次，最后她得出："我不能一边工作一边聊天（I can't chat while I'm working）。"

"你能对他说出来吗？"我问。

"能。"她说。

"那感觉怎么样？"我继续说。

"挺吓人的。"

然后，我们又一起回顾了她和打印店老板之间发生的事情。在她们当地，只有这个打印店的设备能打印她的文件，而且打印质量不错，收费也不贵，但是这家店的老板说话总是不着调，类似于"我对你有感觉，你懂的""大多数男人都不懂艺术家妻子"这类话。

"那你想对他说什么呢？"我问。

她刚刚练习过，现在反应比以前快了。

"你给我打住，"她说，"我来这里是为了打印，仅此而已。"她笑着说。"这是两句话，第二句有点长，不过就是这个意思，对吗？"

"就是这个意思。"我表示同意。

清晰、有力的表达能彰显出你的自信。用更精练的语言来表达自己是一种很好的练习。下面这些表达都不超过七个英文单词，除非经过训练，否则人们不大可能给出这样的回应。这些表达会在下面突出显示。

- 有人给你发了一封邮件，说虽然买不起，但是他很喜欢你的作品。一般来讲你可能只回复一句"谢谢"，而一种全新的、更大胆的表达是："谢谢，我在想，你能跟朋友聊聊我吗（Might you tell your friends about me）？我会很感激的！"

- 一个聚会上，你正在和某人聊你的画，可是，每次你都很难解释清楚自己画的是什么。这种解释让你很累，而且你觉得自己也解释不好。这种时候，你不大可能找到一些大胆的表达。不过，你可以大胆地提议："要不要参观我的工作室（Would you like to visit my studio）？"

与其纠结自己解释得不好，不如提出邀请。

- 你的姐姐问你能不能照顾老母亲，因为"你又不上班"。你可以顺从地同意，并为此花去好几年时间，也可以理直气壮地说："画画就是我的工作（My painting is real work），"再加上一句，"同为子女，我们能不能公平一点？毕竟，每个人都有自己的工作和生活。"

- 你碰到一个人，他专门为新手妈妈做了一个博客，很受欢迎。你可以说："太好啦！"也可以说："太好啦！新手妈妈们会对我也感兴趣吗（Might your peeps be interested in me）？"他可能会说："我也不知道，我估计不会。"你可以继续解释："嗯，我理解，我来告诉你她们为什么可能会对我感兴趣。"

- 一位艺术家朋友给你发了一封邮件，说他参加了一个联展。你可以祝贺他，也可以在祝贺他的同时问他："联展能再加一个人吗（Room for one more in the show）？"

- 你在网络杂志上读到一篇博文，其内容和你作品的主题并没有关系。你可以点点头，读下一篇，也可以给那位博主发一封邮件："我喜欢你写的关于消防站的帖子！我的画就挂在那条小巷子里！你介不介意为我也写一篇（Care to do a piece on me）？"

在你的心房里设计一个"七字角"，花时间为各种情景打磨一些简短有力的表达。当你感觉自己马上要给出温顺、服从的答复时，请走进这个七字角，设计一个大胆的回复，然后把它带进现实生活里。也许，你会惊讶地发现，有很多机会正摆在你面前，可以让你大胆地表达自己。把这些表达全都用起来吧！

视觉化想象 想象心房里有一个角落，可以让你练习简短有力地表达。

思考与写作 短句和长句，不同的表达方式之间有哪些区别？讨论一下吧。

第五十七章
办一场心灵聚会吧

你最近一次举办心灵聚会，是什么时候？

你最近一次带着一把气球走进心房，打开狂野奔放的萨尔萨舞曲，邀请所有悲伤的客人起舞，是什么时候？你最近一次在心房里享受小乐趣，是什么时候？我敢打赌，肯定不是最近。

我们需要多办几场心灵聚会。心房大部分时间像是一个上班的地方、一个阴沉沉的地方，像一个蒸汽锅炉、一个活塞发动机，而不是聚会场所。将它装饰一下不是很有趣吗？你可以买块蛋糕，打开播放列表，再来点儿游戏，很多游戏！不只是打扑克、填字或者玩数独，而是生动、欢乐、大胆的游戏。

比如，想象一个你想亲吻的人。从冰箱里拿出一瓶香槟酒，把瓶子放倒在桌上，然后转起来，瓶子指向哪里，那个人就在哪里！亲一下！再转——哈，又换了个人，好极了。

或者试试这个游戏：讲故事。选一个主题——比如美好的童年时光、第一次旅行冒险，或者充满敬畏和惊奇的星夜传奇。让讲故事的人手里拿着发言棒（或者椒盐卷饼），讲完了就传给下一个人。太害羞或者听得太入迷的人可以跳过去。最后，请你感谢每一位讲故事的人，并请大家吃蛋糕！

你会邀请谁呢？心灵聚会的美妙之处在于没有人会拒绝你。你可以邀请所有自己喜欢的人，个个都会随叫随到！邀请几对会跳探戈的情侣；邀请你感兴趣领域的顶级大咖；邀请你心目中的英雄；邀请一位先人，也许你已经听过所有关于他的故事；邀请来自不同时代、不同版本的自己；邀请整个哑剧团，或一些表演艺术家，他们会用粉红色的纱线布置你的心房。随心所欲地混搭吧！如果有人让你觉得无聊或者失望，就让他赶紧收拾东西走人。

我认识一个人，他正在写一本关于"轻"的书。他认为"轻"能够拯救我们。我们都很沉重：生活很沉重，交流很沉重，工作很沉重，甚至爱也很沉重。"轻"在哪里？棉花糖在哪里？笑声在哪里？夏日的午后在哪里？看来，为了拥有那种"轻"，我们必须创造它。我们必须创造"轻"才能够拥有"轻"，虽然这有点讽刺，而且让你感觉更沉重，但是，不管了，跳舞时间到啦！

你可能会有一些反对意见。"心灵聚会太傻、太轻浮了。它显得可悲、放纵，而且太荒谬了。这种东西有什么意义？"好吧，这一点都不傻，也不是毫无意义，它能让我们放松自己、开怀大笑，从无尽的悲伤中停下来休息一会儿。

还有一个最令人讨厌的反对意见，就是你不配。这就好像因为你失败了、犯错误了，你就没有资格享受快乐。怎么会有这种想法呢？是谁向你"兜售"这些想法的？请想象一个小孩子对自己说："我太差了，不配举办生日聚会。"这是不是听起来太可怜了？千万不要再有这种想法了。心灵聚会是我们与生俱来的、永恒的权力！

我最喜欢的聚会是哪种呢？是关于名人名言的，我会邀请自己最喜欢的名人来参加聚会，并献上他们的经典语言。有柴可夫斯基关于灵感的名言、帕瓦罗蒂关于奉献的名言，加缪的几句名言（以及好几段话），还有我自己的一些话，我会把其中的一些句子变成好记的短语。我搬出折叠椅，一把一把放好，挂上彩旗，做一些纸杯蛋糕（因为名言喜欢纸杯蛋糕），在门口用真诚的问候迎接每一句名人名言，因为它们都很珍贵。多么美好的时光！

你的心灵需要更多快乐，每个心灵都需要。聚会也许能为你打开快乐的宝盒，所以，赶紧筹办一场心灵聚会吧！

视觉化想象 想象一场非常美妙的心灵聚会。

思考与写作 讨论一下——想想该如何反驳——反对自己举办心灵聚会的想法。

第五十八章
晚安

睡眠和心理健康息息相关。

睡眠质量差是心理健康出了问题的显著反应之一。人为什么会失眠呢？因为他日以继夜地担心，又夜以继日地折磨自己。

在心房里，你是不是很少有睡意？满月的时候，你是否也曾遥望明月，夜不能寐？凌晨两点的午夜，你是否也曾辗转反侧，思绪万千？这个问题很严重。如果你常常睡不好，心灵就会疲惫。你会变得连自己都不认识自己，变得急躁、偏执、不讨人喜欢，变得痛苦。你的心灵需要休息。

怎么才能让心灵休息一下呢？你可以数羊，也可以吃药，吃药可能会起到你想要的效果，也可能会带来严重的副作用。一位知名演员为了应对失眠，会在脑海里想象出一个小红点，然后把它放大、缩小、再放大、再缩小，直到自己筋疲力尽。也许，你也有自己的小窍门：也许它和怎么摆放枕头有关；也许它和某种特殊的茶有关。很多人都在尝试找到自己的方法，因为他们都会睡不着。

还有什么办法呢？你可以充满仪式感地对心房里的每一样东西说晚安，就像小时候睡觉前对心爱的毛绒玩具说晚安一样。走进心房，轻轻地说："晚安，安乐椅。晚安，壁炉。晚安，雪景球。晚安，人生目标盘。晚安，演讲角。" 对每一件东西都说晚安，包括藏在角落里的担忧，和挂在天花板上的恐惧。

对一些特别的人，你也要说晚安。比如远隔重洋的亲人，每次想到他，你的嘴角就会露出微笑，你会不会因为很少能见到他而难受？对他说一句特别的晚安吧，比如："孩子，我爱你，我好希望能多看看你。让爷爷抱抱，晚安，宝贝。"

另外，一些特别烦人的想法也许在缠着你——它也许是"我没有天赋写小说"或者是"我魅力不够，在爱情中竞争不过别人"。对这些想法说一句特别的晚安吧，比如："够啦，不要再说啦，我喜欢写小说，让我写写看吧。请你也歇一歇，晚安，睡个好觉吧！"

当你让自己安静下来，准备入睡时，要温柔、平静地安抚自己。对每一件物品、每一份担忧、每一段记忆都温柔以待。请尽可能地保持平静，哼一首摇篮曲，倾听万事万物安睡的声音——感受一下记忆中模糊的、轻轻的鼾声，一个安稳地呼吸着的自我，还有梦境到来时的喃喃声。当你小心翼翼地让心灵安睡时，要温柔、平静地安抚自己。

今晚，如果月亮太明亮，头脑里的声音太烦人，就到心房里转一圈，对还醒着的一切说声晚安吧。

视觉化想象 想象自己对心房里的每一件东西说晚安。

思考与写作 我们有什么办法可以帮助自己睡得更好一点？写一写吧。

第五十九章
冷静的伊丽莎白

　　当你翻新自己的心房时，你会发生变化，你的想法和处事方式都会和以前不一样，你会更小心地审视自己的想法和感受，少一点冲动，这能使你做出更好的决定以及更有力的选择。

　　我有一位客户叫伊丽莎白，她一直在和焦虑做斗争，并努力翻新自己的心房，最终，她克服了焦虑，变得更冷静。她给我发了一封电子邮件，在邮件里分享了她的收获——

　　"这个星期，我压力很大，每天，我都感到自己肾上腺素在飙升。我五岁的小宝贝三个星期前从幼儿园放假回家了，八岁的大宝贝两个星期前也放假了，关于我自己，我一直到这个星期还在给学生上课，所以，我接下来的日程就变成：每天继续上课，同时兼顾孩子的课外班和夏令营的接送。另外，我们决定星期五回老家看望一下父母。

　　"我必须很有条理，才能按时完成所有事情。我现在每天都有很多新任务：洗衣服、清理冰箱、清洗鱼缸、打扫屋子、为孩子准备好旅行所需的衣服和物品……星期四，我还要给学生组织期末考试，要批 31 份作业（每份有 4 页纸那么厚），而且我要在下班之前把成绩全部上报。星期二，我还被安排担任陪审员，我无权拒绝，得全天待命。

"所以，临出发前几天，我们的压力特别大。星期四晚上，我和我先生讨论要带哪些东西，临睡前，我们把所有行李都准备好了。但是，星期五早上我正在健身的时候，他又来问我前一晚上刚刚决定的事情。那天，他要在大会上发言，压力很大，所以，也许他想找碴，发泄情绪，不过我依然能保持冷静。

"我们回老家的车程要 10 个小时。我先生下个周末要出差，我可不想一个人开车回来，所以我们决定坐飞机。本来想尝试小型包机的，因为我们家就这几口人，坐小型包机比坐大飞机要便宜，而且不用担心行李超重，也不用很早到机场。不过，我先生星期五要开会，我只好一个人带着两个孩子和一条狗先去机场，等他开完会，我们再一起出发。

"我把所有事情都处理好了，到了星期五，我提前去夏令营接孩子。在接孩子之前，我还有很多时间，所以，我决定在车里做一下冥想，这时，我的脑海中有个声音指引我去查收电子邮件。我发现我们的航班延误了两个小时。我本来准备和高中最好的朋友见面的（我们已经二十年没见面了），但是航班延误的话，我就见不到她了。我特别失望，但不知怎么的，我还是能保持冷静。

"我本来打算到达以后和我妈妈一起吃午饭，但是，由于航班延误，所以，我中午就在家里吃了。后来，我们终于出发了，大家都很兴奋，但是我又查了一次邮箱，发现我们的航班取消了。我很烦躁，打电话给我先生。他打电话给信用卡公司，信用卡公司却说我们的旅行保险只包含航班延误险，不包含航班取消险。后来，我们赶去包机的机场，一路上我都很烦躁——不过更多的是，我以为自己很烦躁。我跟自己的两个孩子说，我真的很烦躁，并需要他们耐心一点。我在车里做了好几次深呼吸，告诉自己。总之，我还能保持冷静。

"后来，工作人员帮我们在最近的机场订了一架航班，并找了一辆车送我们过去，还帮我们把行李都搬到车上。临走的时候，一位工作人员感谢我，说我很有耐心，很体谅别人，而别的乘客一下午都在对她们大吼大叫，控诉航空公司故意毁掉他们的生活。她甚至还说我的孩子很乖。最后，我们终于回到家乡，我妈妈已经等了我 9 个小时，而我，依然很平静。

"当我看到妈妈的时候，我笑了。她问我折腾了一天怎么还能笑得出来。我告诉她，那位工作人员曾感谢我保持冷静。妈妈惊讶地说：'你？'她跟我一样震惊。我平时不是一个冷静的人，从来都不是。我就像'公牛费迪南德'：我想一个人去闻花，但是只要一被刺到，我就失控了，至少以前是这样的。我没有办法向妈妈解释这一切，但是我很想给你写信。我觉得自己换了一种新的思维，不管这是真是假，但这经历是真实的，而且是我有生以来的第一次。"

当你翻新自己的心灵、改善居家模式、进行动态自我调节、思考有益的内容后，你就会有收获并及时摆脱负面情绪。人格也许是一种很神秘的东西，但是想要提升也并不难：让意识之光照进心灵，对它进行翻新，让它更适合你，更好地为你服务。

视觉化想象 想象一个升级版的自己。

思考与写作 我们快要接近尾声了，挑选一个视觉化想象，集中练习一下吧。你为什么选择它？你会如何使用它呢？

第六十章
崭新的你

本书已经来到了尾声，但是我们翻新心灵和生活的冒险并没有结束。我希望一个崭新的你能够这样想、这样说——

"我可以清晰地描绘自己的心房。我在这里思考、玩耍、创造、幻想、解决问题，并处理所有和心灵有关的事项。我可以设计这个房间，决定自己在屋里的状态（比如平静），也可以让它成为一个有益身心健康的、让人心旷神怡的，甚至具有神奇魔力的存在。

"我理解这个比喻既严肃又活泼。严肃，是因为它能够帮助我提升自我调节能力，并带来更健康的心理环境；活泼，是因为在设计和使用这个房间的时候，我可以天马行空、异想天开。

"我理解自己常常会被一些压力赶进这个房间，即便这样，我仍然能够调整好自己。如果我被一些无谓的痴迷或疯狂的劲头赶到那里，我知道自己该做些什么，我已经有了各种可视化想象和策略去应对！

"我理解，我的所思所想很重要，但是居家模式同样重要，需要我去捍卫和支持。我希望自己在心房里的感受是毫无压力的，是坐在舒服的安乐椅上的。我希望屋子里清新舒适、光线充足，而不是密不透风、乌烟瘴气。所有这些，我都可以做到！

"此外，我可以自由地进出，因为我有一个出口！我理解健康的居家模式，我能意识到自己有时会在心房里待太久，需要离开；可能是我过于担心，或者太想要一个答案，从而过度思考某个问题，制造出太多负面想法。有无数个原因需要我时不时地离开这个房间，而且我知道如何轻松地走出去！

"在心房里，我可以自己和自己聊天，调整自己，为自己而努力，包括努力实现自己的人生目标，创造让自己感觉有意义的心理体验，比如从事脑力劳动和创造性工作。我不可能总是开心的，但在大多数时候，我是开心的。能够如此健康、有益、有效地运用自己的大脑，我感到很自豪！"

这就是你，不管在智力、创造力，还是心理状态上都达到了最佳状态。你已经学会了如何翻新自己的心房，让你成为最好的自己。祝贺你！